AKILA魔法教室

跟孩子一起玩Word

碁峰资讯 著

编者的话

当今社会，信息爆炸。各类移动终端、APP应用如影随形。但来源良莠不齐的信息，对未成年人来说无疑是把双刃剑。家长、老师各种看似行之有效的“围剿”，反而激发了孩子更强的探知欲。面对如此情形，是正确引导还是一味排斥？如何让孩子获取有价值资源，将有价值的信息、电脑操作与孩子的学习和生活完美结合，以提高孩子的逻辑思维能力和实际应用能力？翻开本书也许会让你得到不一样的答案。

800字，对于很多孩子来说，就意味着一道无法逾越的鸿沟。有多少孩子见到写作二字，就愁眉不展，平时出口成章的语言天赋，面对排列有序的“方格”，仿佛一瞬间就化为乌有了。面对此种情况，孩子无奈、老师无奈、家长更是无奈。当写作不再是一种感情的宣泄，而是情感束缚的时候，我们是不是需要一点改变？常言道“工欲善其事必先利其器”，写作不但是博览众书的积淀，更是兴趣爱好的培养。科技时代就要善于用科学的方式来启迪心智。Word是当前风靡的文字处理软件，对文字的排列、美化、驾驭能力可谓行业翘楚，无论是编写文章，还是制作卡片、设计海报等等，它都尽在掌握。孩子通过对Word的学习，可以将枯燥的文字内容装点得丰富多彩，可以从不同的维度来激发孩子创作的灵感。让我们一起用Word为文字插上梦想的翅膀！

本书由资深教师团队执笔，将课本知识与学习兴趣完美结合，并在成书前经过了大量的实践教学，老师、学生、家长反馈效果良好。在编写过程中，注重实例生活化、步骤清晰化、概念明确化、练习实践化。旨在培养孩子的发散思维能力，增强逻辑思辨感知力，将孩子的观察力、思辨力和解决力有机地统一，塑造科技时代的最强音。

在大数据时代，要让孩子在科技的指引下，有智慧地进行学习。

目录

目录

第1课 我是小作家

学习目标

1. 能认识与操作窗口界面
2. 能使用输入法输入中文字
3. 能发挥创意写一首童诗
4. 能输入标点符号
5. 能保存与关闭文档

1-1 认识Word

在日常生活中，常常需要进行编写文章、制订行程表或制作邀请函等文字处理的工作。以前都是采用便签纸等实体工具来完成，这样的方式不仅费时费力还不易修改。但自从有了计算机以后，你就不需要再如此麻烦地涂涂改改，文字处理的工作随之变得轻松而有趣味！

Word文字处理软件，是当前最火爆的文字处理工具之一，它具有简洁直观的操作界面及强大的文字处理功能，让你轻松完成以下工作。

一 活动海报与标语制作

二 图表或流程图制作

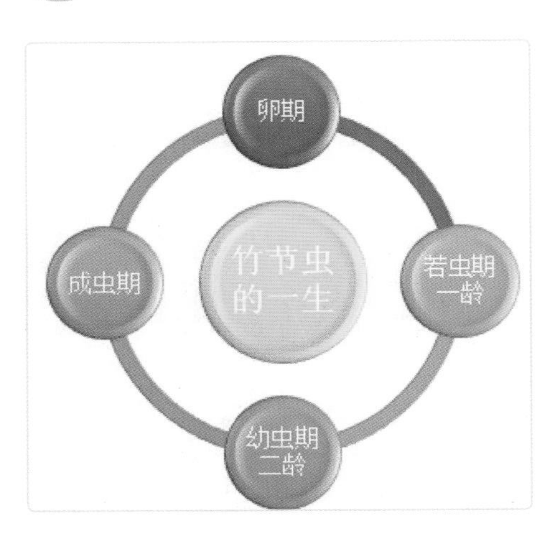

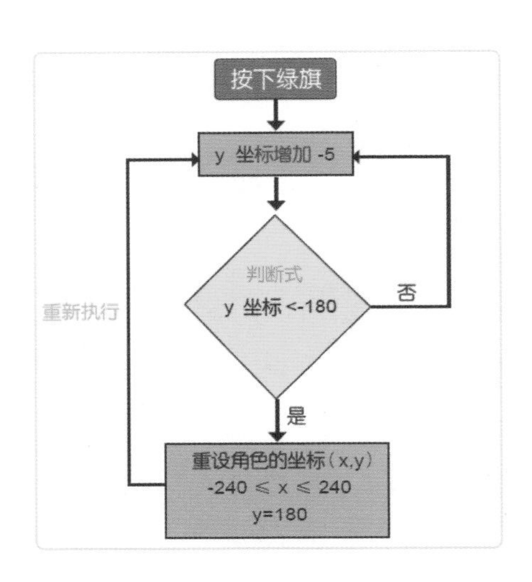

三　个性化月历制作

四　贺卡及卡片制作

五 证书或奖状制作

六 编写学习单或专题报告

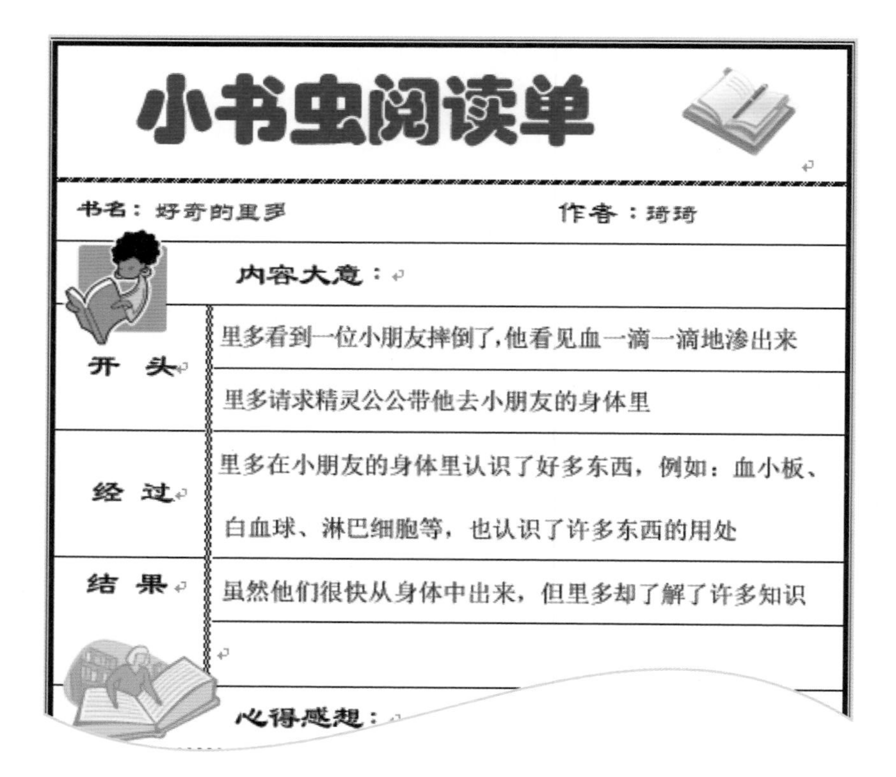

1-2 窗口界面的认识与操作

在这一节中，我们先来认识Word软件的窗口及界面的操作，好让后面的操作更加顺畅，以达到事半功倍的成效。

一　启动Word 2013软件

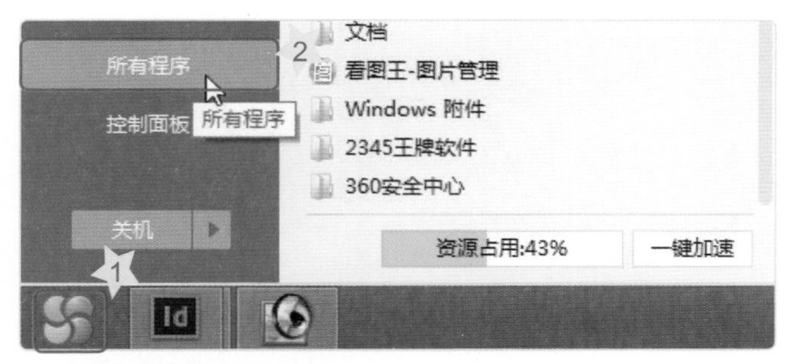

1　单击“开始”按钮。

2　选择“所有程序”打开程序列表。

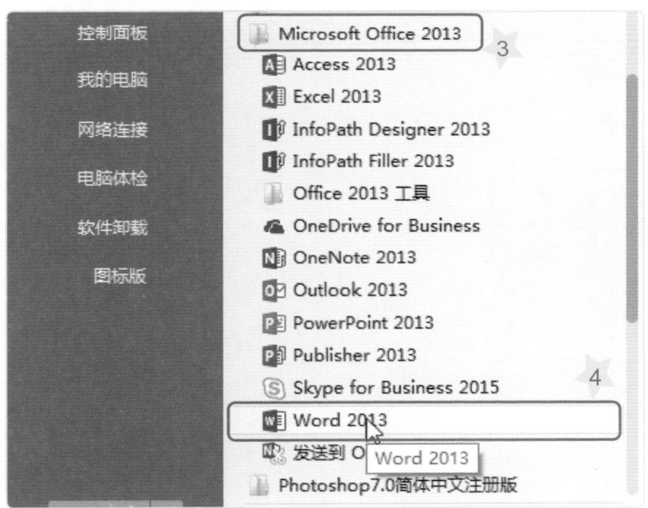

3　单击“Microsoft Office 2013”文件夹。

4　单击“Word 2013”启动软件。

魔法书

如果你的计算机操作系统是Windows 8，可以直接单击开始画面上的“Word 2013”图标，来启动Word 2013软件。

二 认识Word 2013窗口界面

启动Word 2013软件后，我们就先来认识它的窗口界面名称与功能。

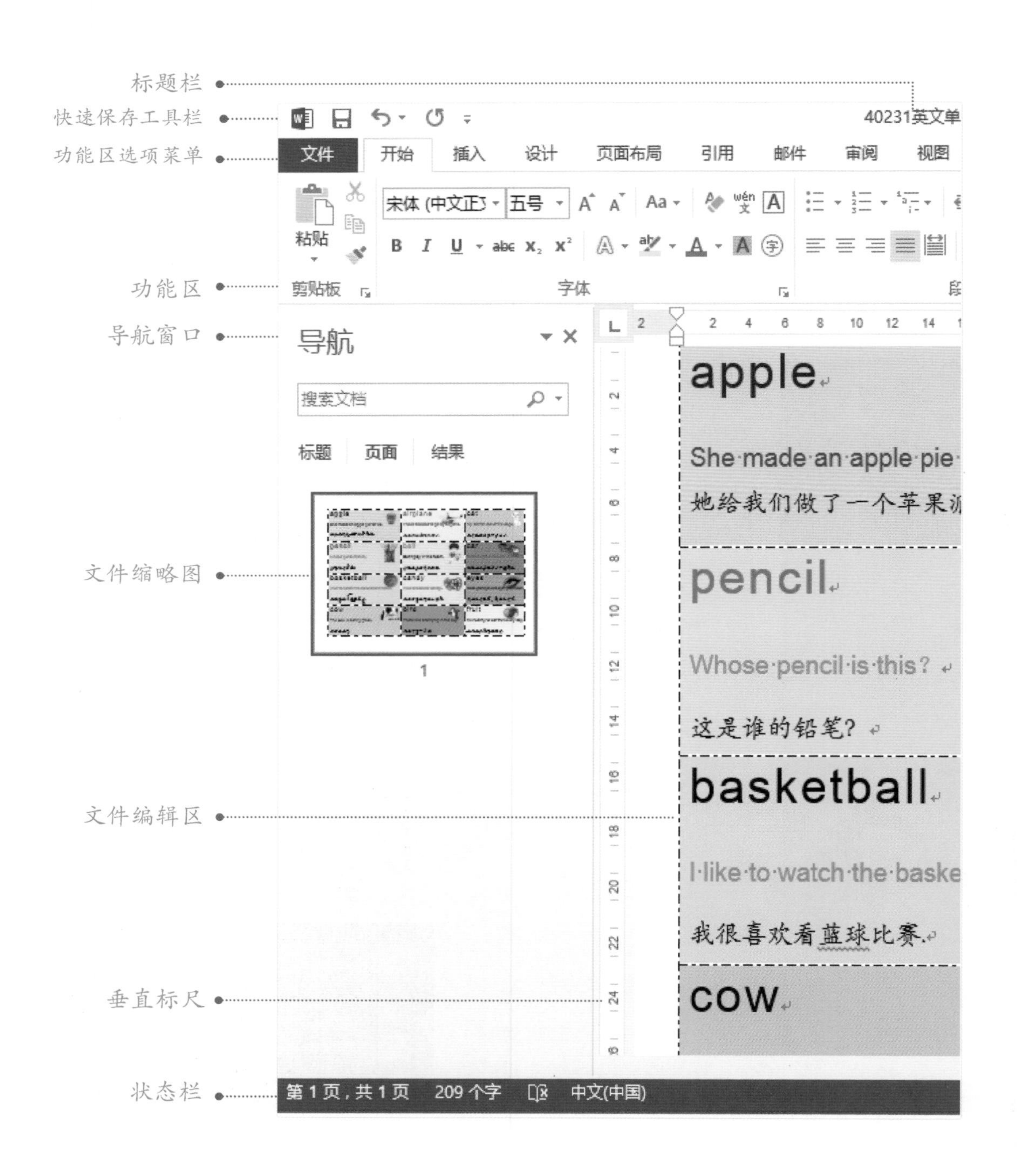

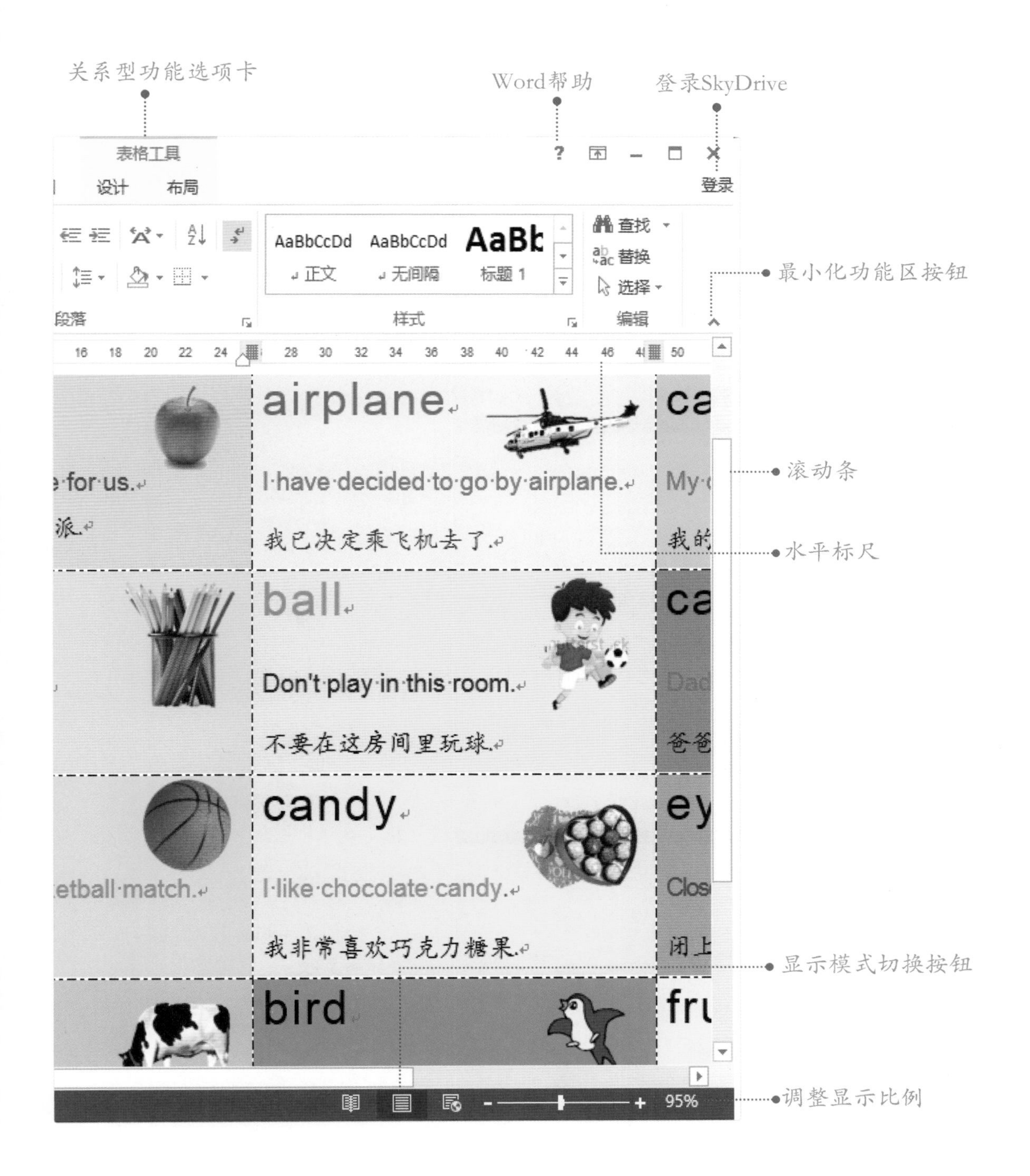
关系型功能选项卡
Word帮助
登录SkyDrive
表格工具
设计
布局
登录
查找
替换
选择
AaBbCcDd
正文
AaBbCcDd
无间隔
AaBb
标题 1
段落
样式
编辑
最小化功能区按钮
airplane
I have decided to go by airplane.
我已决定乘飞机去了。
滚动条
水平标尺
ball
Don't play in this room.
不要在这房间里玩球。
candy
I like chocolate candy.
我非常喜欢巧克力糖果。
显示模式切换按钮
bird
95%
调整显示比例

三 窗口界面基本操作

显示/隐藏导航窗口

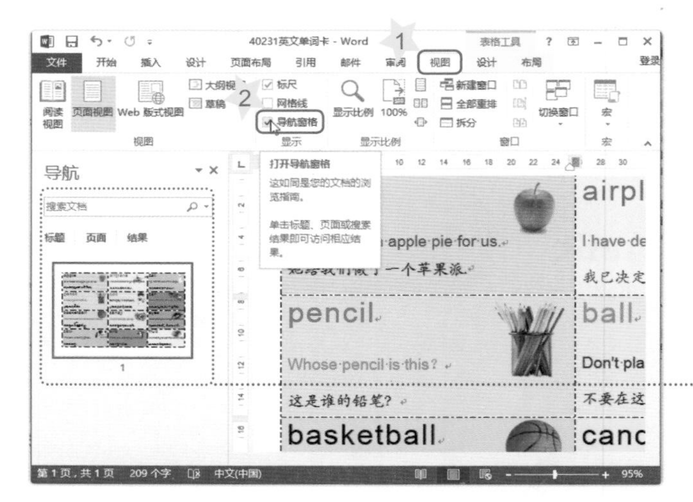

1 单击“视图”功能选项卡。

2 单击“导航窗格”按钮，取消勾选状态，可立即隐藏导航窗格。

显示导航工作窗口

已隐藏导航工作窗口

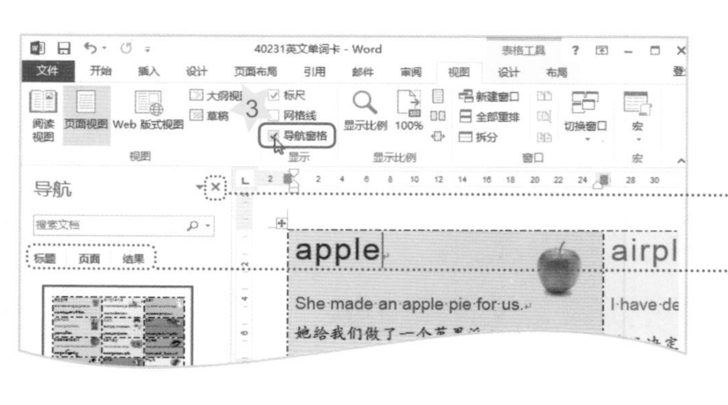

3 单击“导航窗格”按钮，可以立即显示导航窗格。

单击关闭按钮也可以隐藏导航工作窗口

切换浏览的项目

显示/隐藏标尺

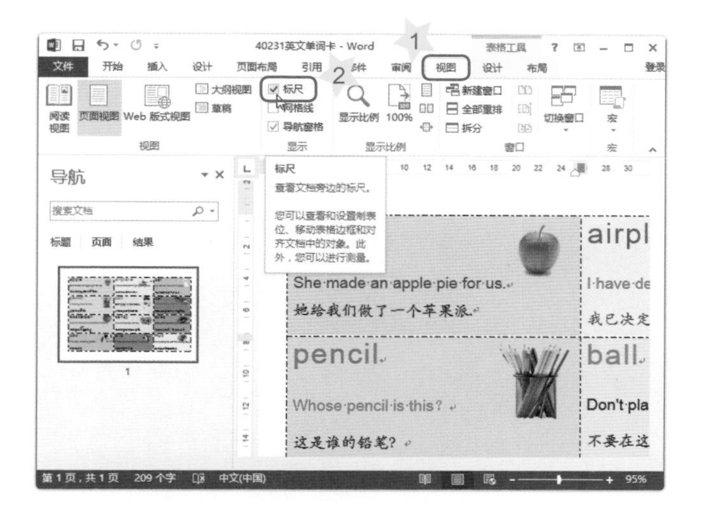

1. 单击“视图”功能选项卡。
2. 单击取消选择“标尺”选项，可以隐藏标尺工具。

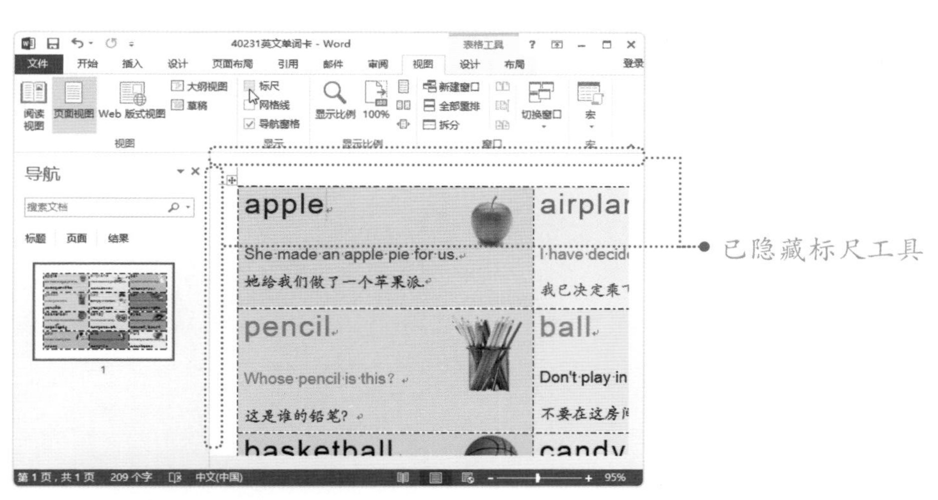

1. Word的标尺有两种，一种是垂直标尺，一种是水平标尺，其中“垂直”标尺只会在整页模式中显示出来。
2. “标尺”是用来标注度量单位，可以使用水平标尺来显示及设置段落缩排、制表位、页面边距和栏宽等。

文件显示比例

编辑文件时，你可以适时地调整文件的显示比例，方便显示文件内容，便于编辑工作的进行。调整文件显示比例的动作并不会改变文件的内容及文件大小。

1 向左或向右拖曳滑杆调整文件的显示比例。

目前的显示比例

魔法棒

也可以使用“视图”功能选项卡的“显示比例”群组工具来调整文件的显示比例。

文件显示模式

Word 2013提供“阅读视图”、“页面视图”、“Web版式视图”、“大纲视图”和“草稿”等5种模式，让你快速切换显示文件的内容。

1 单击“视图”功能选项卡。

2 单击要显示的文件视图模式。

直接单击模式按钮，可快速切换文件的视图模式

1-3 我的第一篇文章

在这一节中，我们要使用计算机来创作一篇童诗，然后和大家分享。首先启动Word，在Word中尽情发挥你的创意，让我们一起进入童诗创作的世界吧。

一　切换中文输入法

1 启动Word软件，然后单击“空白文档”。

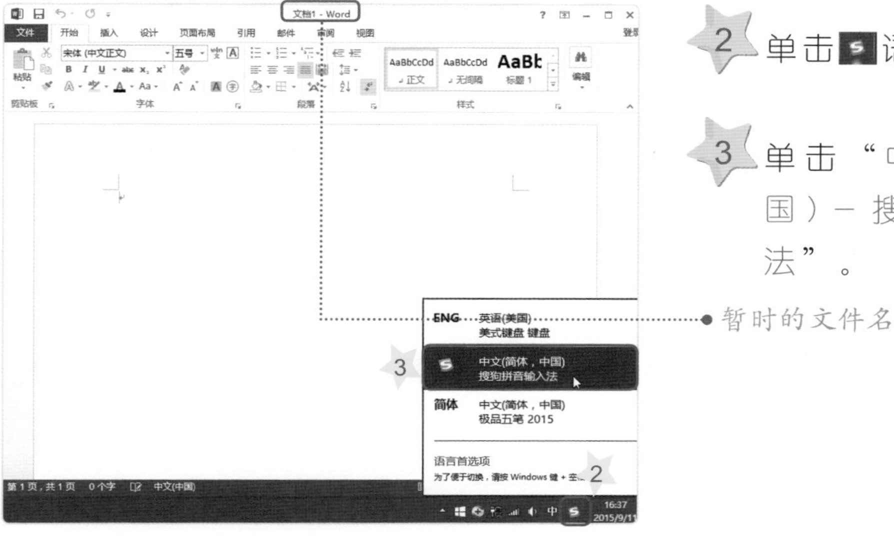

暂时的文件名

2 单击语言按钮。

3 单击“中文(简体，中国)－搜狗拼音输入法”。

二 输入文章内容

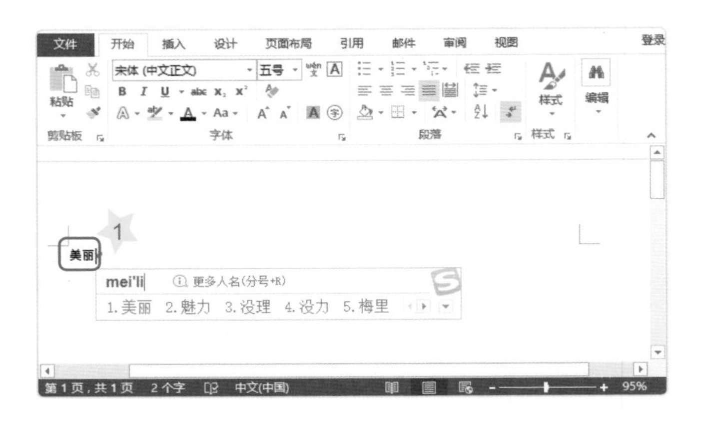

1 输入“mei'li(美丽)”词组，并选择序号1。

2 继续输入“de'he'chuan(的河川)”并选择序号1，或根据实际显示序号选择要输入的内容。

1.使用以下的组合键，可以快速在各种输入法之间切换：

a.同时按下 Ctrl 键和 Spacebar 键，可切换中英文输入模式。

b.同时按下 Ctrl 键和 Shift 键，可在各种输入法之间切换。

2.要空一格时，请按下键盘上的 Spacebar 键（也称为空格键）。

三　输入标点符号

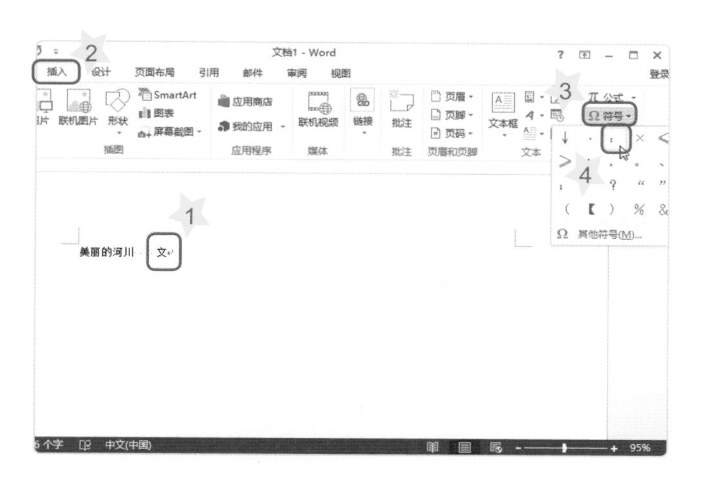

1. 输入“文”。
2. 单击“插入”功能选项卡。
3. 单击“符号”下拉按钮。
4. 选择“冒号”，然后继续输入其他文字。

四　修改同音候选字

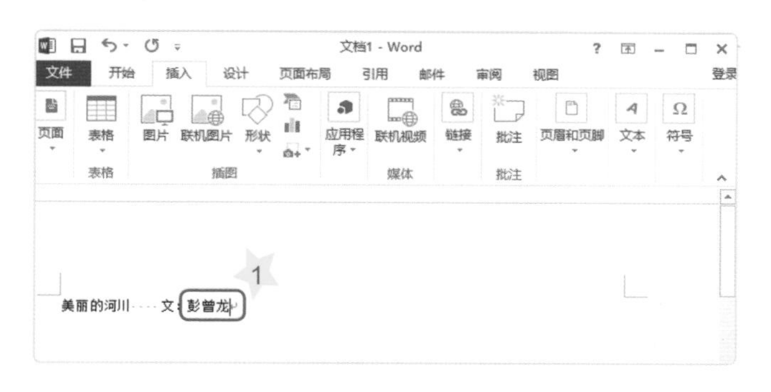

1. 输入“彭曾龙”。

2. 如果当前“曾”字并不是所需字，可以通过 ◁▷ 查找需要的文字。

魔法棒

全部修改后，记得要按下 Enter 键完成输入喔！

五 手动换行输入

1 光标移至“龙”字右侧，单击置入光标，然后按下 Enter 键进行换行输入。

魔法棒

可以利用键盘的 ← 键或 → 键移动光标的位置。

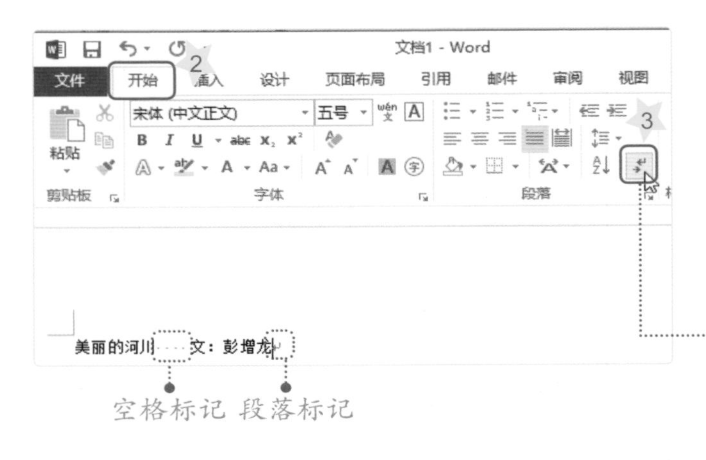

2 单击“开始”功能选项卡。

3 单击 “显示/隐藏编辑标记”按钮。

六 修改输入的文字内容

1 单击 “撤消键入”按钮，删除前次输入的文字或动作。

2 按下 ← 键或 → 键移动光标至要删除文字的后方，再按下 Backspace 键删除文字。

1-4 保存文件

建立新文件后，就应立即保存文件，避免因计算机死机而前功尽弃。所以现在就先“保存文件”，然后再继续输入文件的内容。

一 另存文件

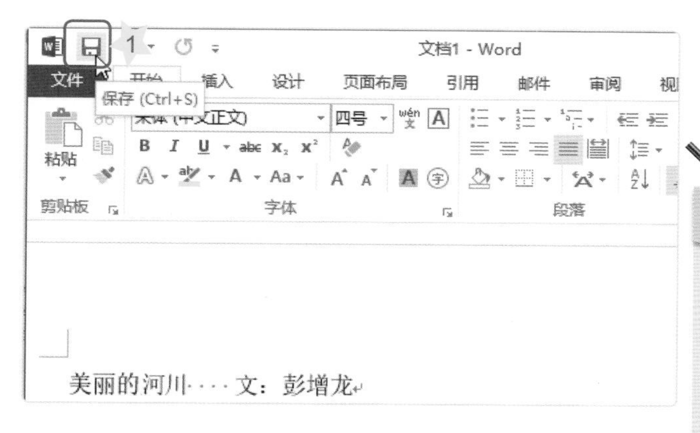

1 单击“保存”按钮。

魔法棒

使用计算机时，应养成随时“保存”的好习惯，不可以等到全部完成后再存盘喔！

2 单击“浏览”按钮。

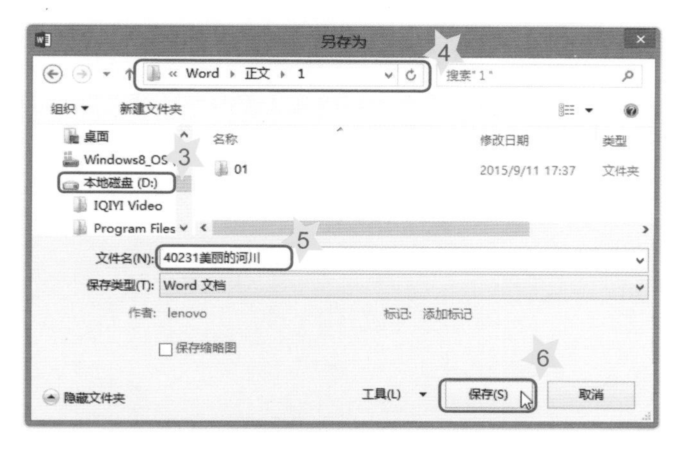

3 单击“本地磁盘（D：）”或其他磁盘。

4 切换至指定保存的文件夹位置。

5 输入“40231美丽的河川”或其他文件名。

6 单击“保存”按钮。

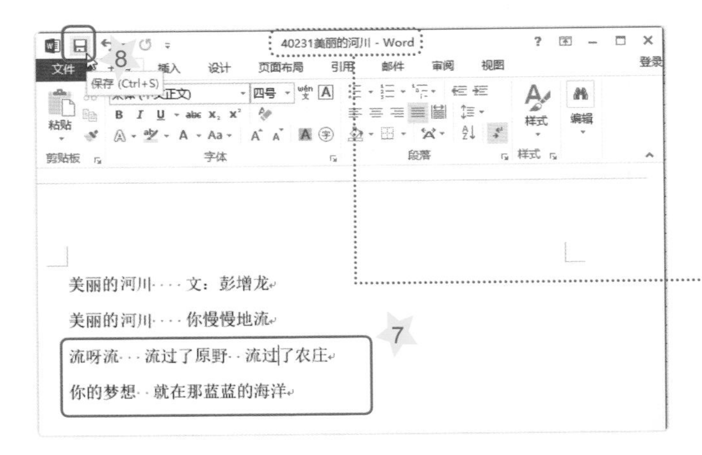

7 继续输入其他文字内容。

8 输入完成后，单击“保存”按钮。

显示文件名

1. 第一次保存文件后，标题栏会显示文件名。
2. 第一次保存文件时，才会出现“另存为”的对话框，让你指定储存的文件夹位置及输入文件名。
3. 文件的命名方式，可以使用“学号+文章或主题名称”来命名，这样可以避免和其他同学的文件名相同喔！

二 复制与粘贴

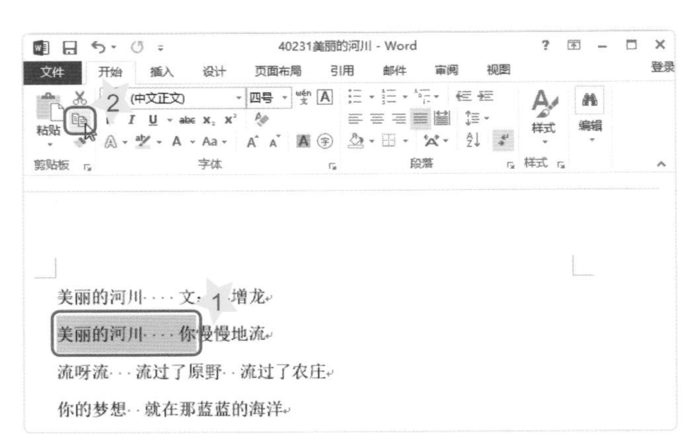

1 以拖曳方式选取文字范围。

2 单击“开始”功能选项卡内的“复制”按钮。

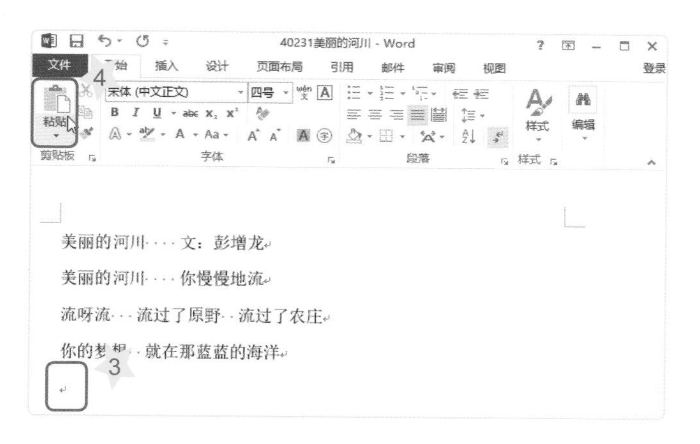

3 将光标置于要粘贴文字的地方。

4 单击“粘贴”按钮，即可粘贴文字内容。

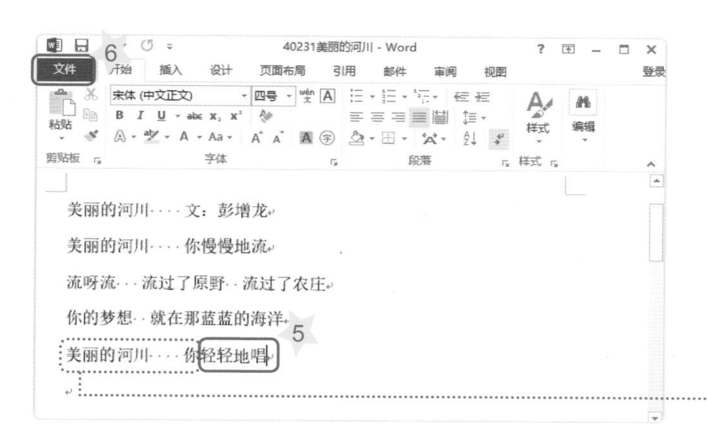

粘贴的文字

5 继续输入其他文章内容。

6 单击“文件”功能选项卡。

三 建立文件摘要信息

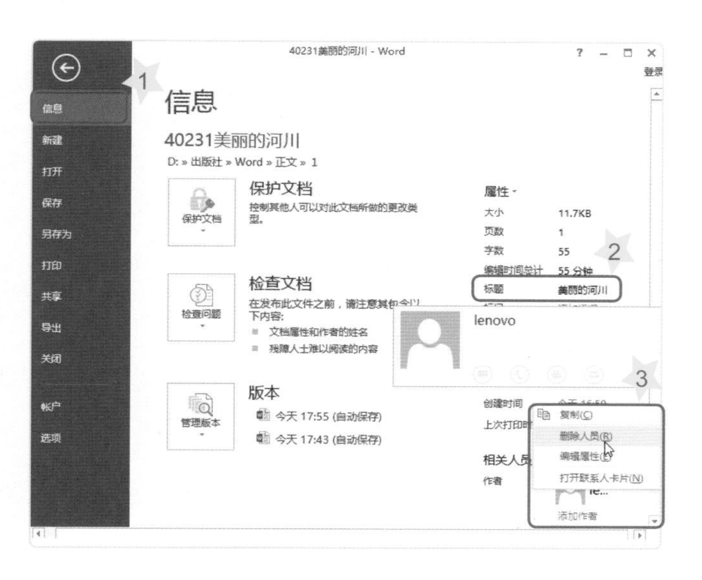

1 单击“信息”命令。

2 输入“美丽的河川”等标题文字。

3 在作者名称上按下右键，再选择“删除人员”命令。

4 在添加作者文字框内输入作者名称，然后单击文字框以外的地方完成输入。

5 单击 ⊖ 按钮返回编辑窗口。

显示文件信息

四 关闭文件窗口

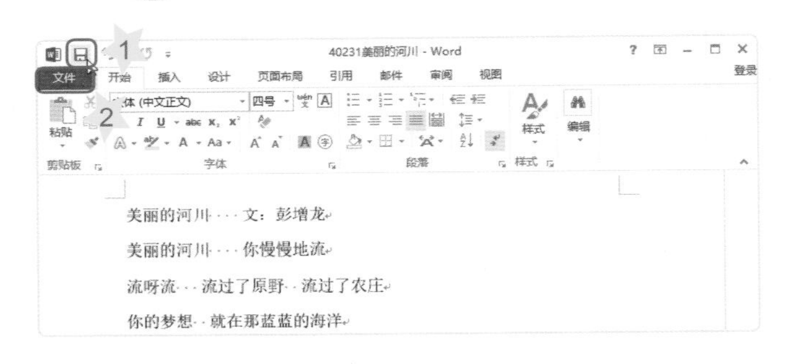

1 单击 🖫 “保存”按钮。

2 单击“文件”功能选项卡。

3 单击“关闭”命令，以关闭正在编辑的文件。

4 最后，单击 ✕ “关闭”按钮关闭Word。

升级箱

1.你不知道的“V”模式。在搜狗拼音的“V”模式下，可以进行数字、日期等大小写的转换。

2.要利用“显示/隐藏编辑标记”按钮显示或隐藏段落标记时，请先单击“文件”功能选项卡，再单击“选项”命令，然后依下列步骤取消选择“段落标记”选项。

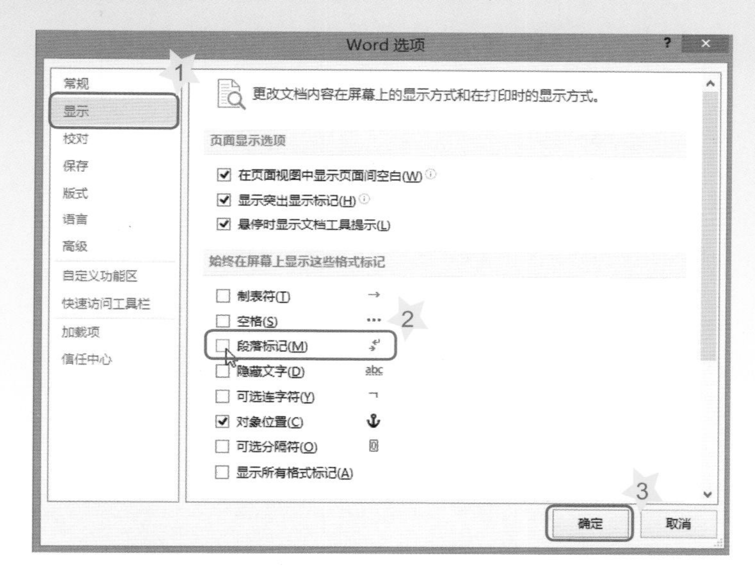

换你做做看

打开新文件，接着发挥你的创意，创作一首童诗和大家分享。然后将这首童诗保存为文件“40231 童诗”。（童诗的主题可以自定义喔！）

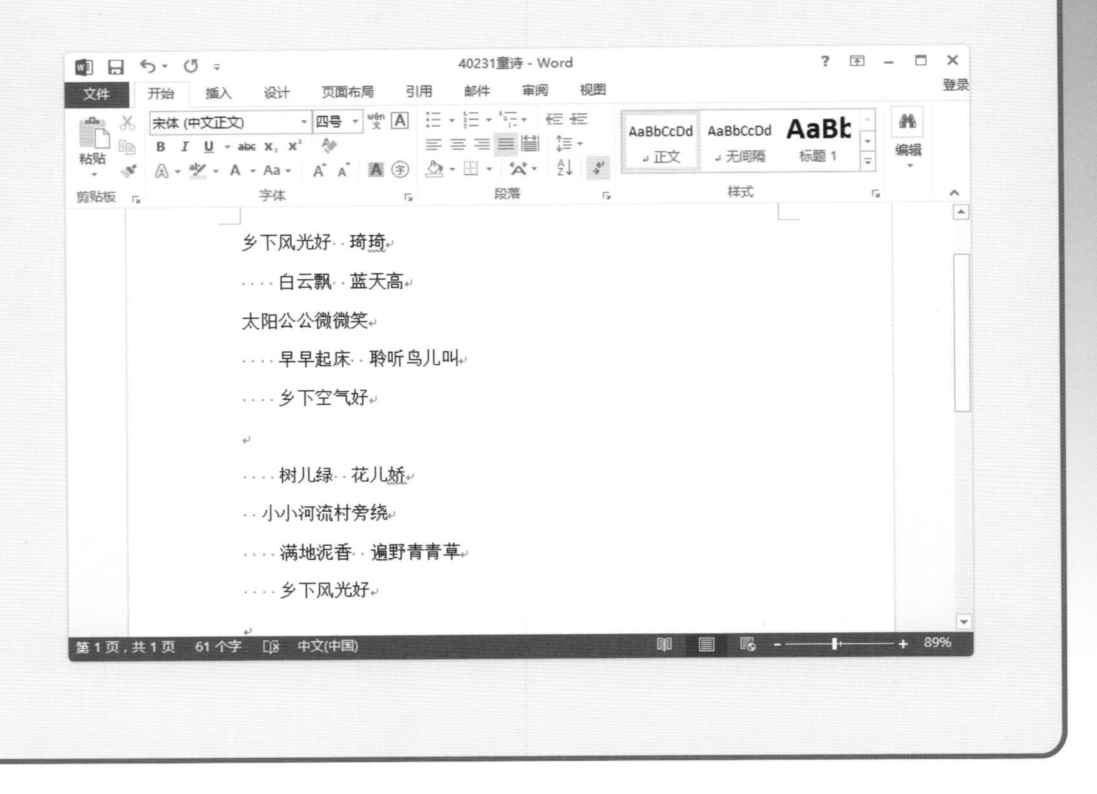

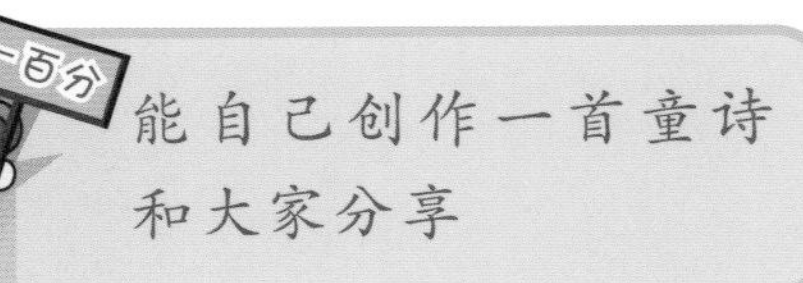

能自己创作一首童诗和大家分享

能保存Word文件

能排列童诗的内容

能用搜狗输入法输入文章内容

第2课 诗歌创作园地

学习目标

1. 能打开已有文件与另存新文件
2. 能设置文字的大小与字体样式
3. 能输入符号
4. 能设置与美化版面
5. 能打印Word 文件

2-1 打开已有文件

在这一课中，我们要打开第1课建立的“美丽的河川”童诗文件，继续编辑内容和进行美化。

一 打开已有文件

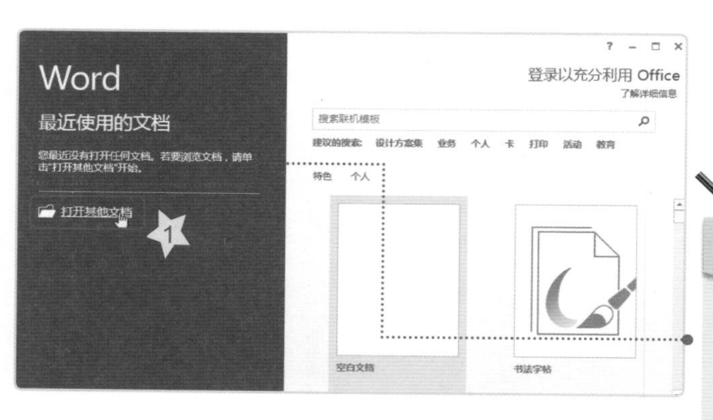

1 打开Word软件，然后单击“打开其他文档”命令。

魔法棒

如果你的计算机未安装还原系统，这里会显示最近打开的文件列表，直接单击就可以打开文件喽！

2 单击“浏览”按钮。

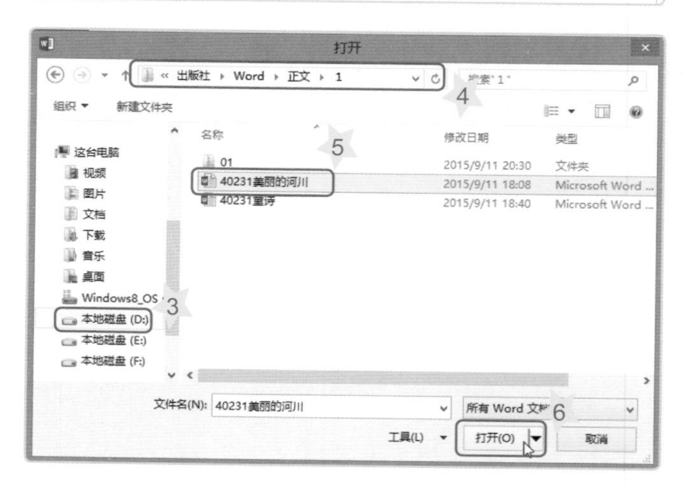

3 单击“本地磁盘(D:)”或其他磁盘。

4 切换至指定的文件夹位置。

5 单击“40231美丽的河川”文件。

6 单击“打开”按钮。

二 另存文件

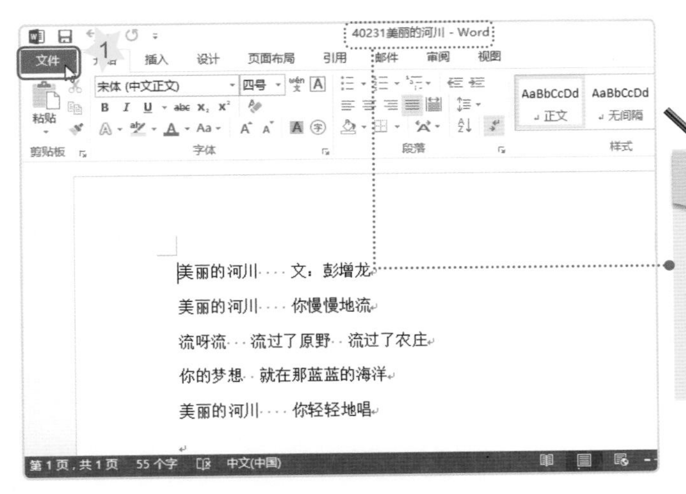

1 单击“文件”功能选型卡。

魔法棒

将这个文件另存为新文件的目的，是为了留存第一课所建立的文件喔！

2 单击“浏览”按钮。

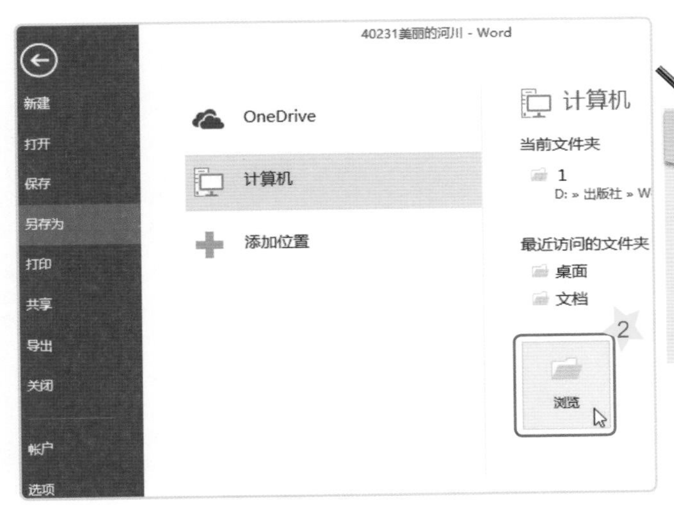

魔法棒

执行“另存为”后，将会产生一个名称不同，但内容相同的文件喔！

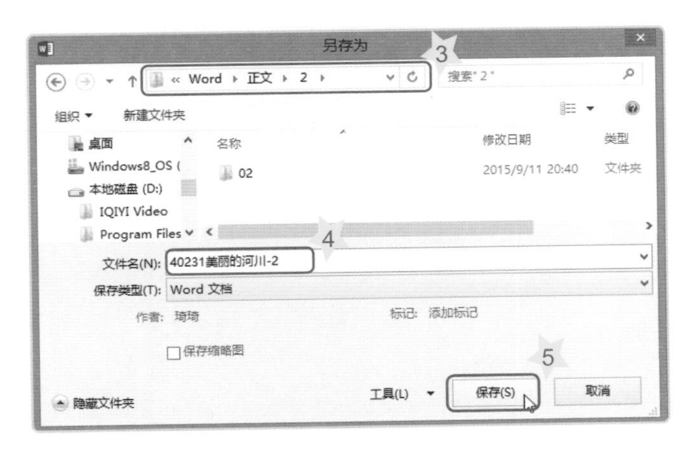

3 指定文件保存的文件夹位置。

4 输入“40231美丽的河川-2”文件名。

5 单击“保存”按钮。

2-2 文字格式的设置

现在就先来设置文字的大小与字体样式，然后进行调整文字的间距等设置。

一 文字的大小与字体样式

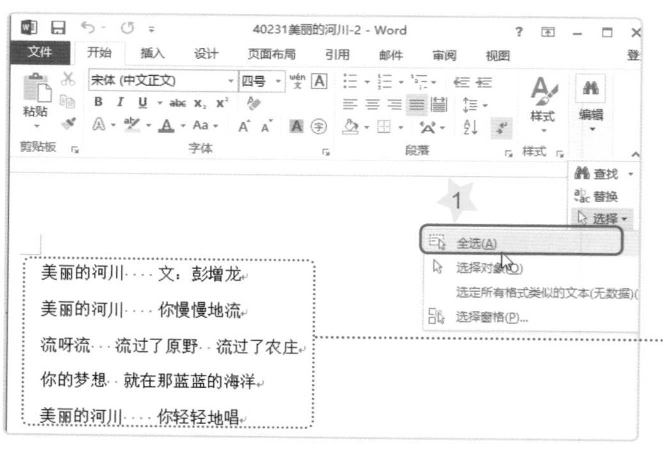

1 单击“开始”功能选项卡内的“选择”，再选择“全选”命令。

也可以用拖曳方式选择文字范围

2 单击 按钮打开“字号”下拉列表。

3 选择“20”。

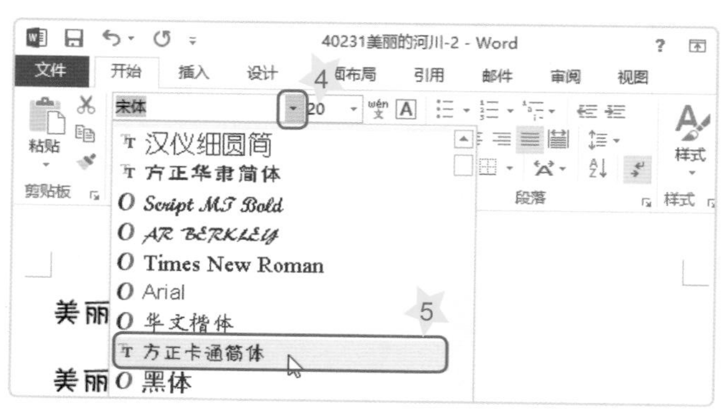

4 单击 按钮打开“字体”下拉列表。

5 选择一种字体样式（字体可自定义）。

二　设置文章标题效果

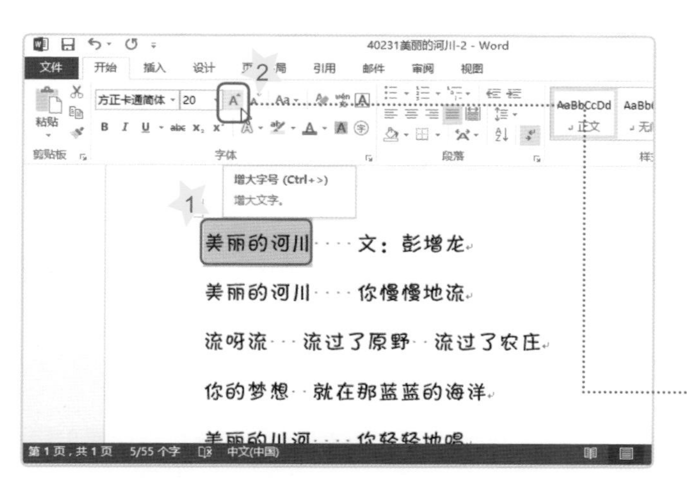

1. 拖曳鼠标选择“美丽的河川”标题文字。

2. 单击 A˄ “放大字体”按钮数次，以放大标题文字的大小。

单击 A˅ 按钮可缩小字体喔！

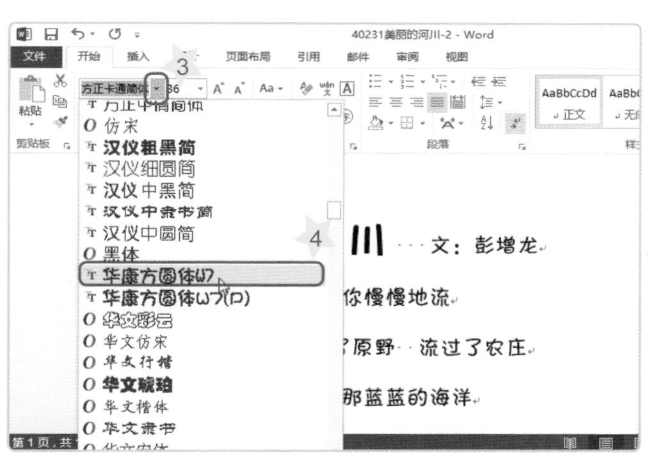

3. 单击 ▾ 按钮打开“字体”下拉列表。

4. 选择一种字体样式（字体可自定义）。

魔法棒

标题文字的字体样式，用粗体字比较合适喔！

5. 单击 A▾ “文本效果与版式”按钮，打开样式列表。

6. 选择一种效果样式。（效果样式可自定义喔！）

三 文字的颜色与样式

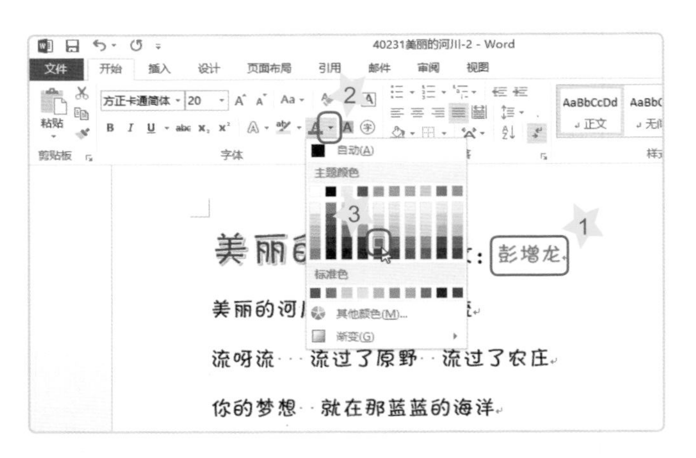

1 选择文字范围。

2 单击▾按钮打开“字体颜色”列表。

3 选择一种字体颜色。

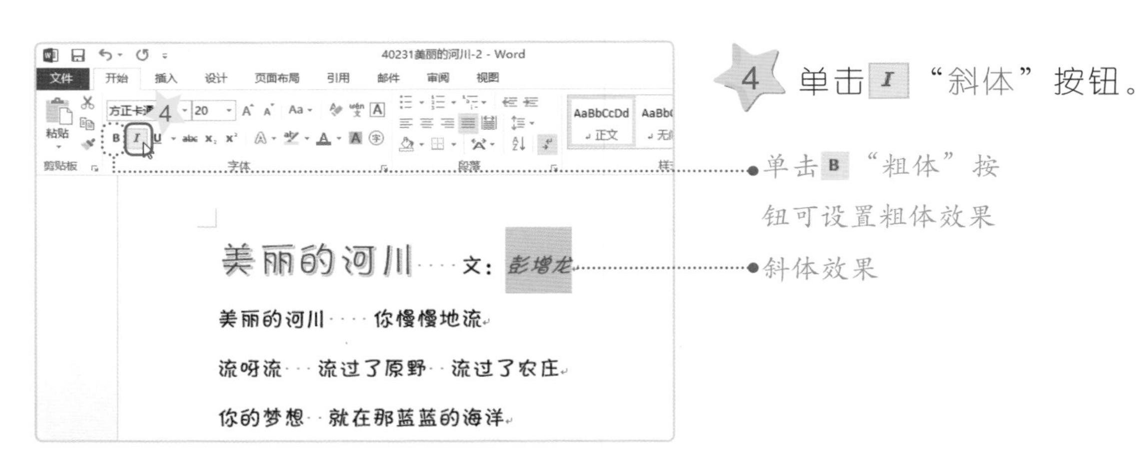

4 单击 *I* “斜体”按钮。

单击 **B** “粗体”按钮可设置粗体效果

斜体效果

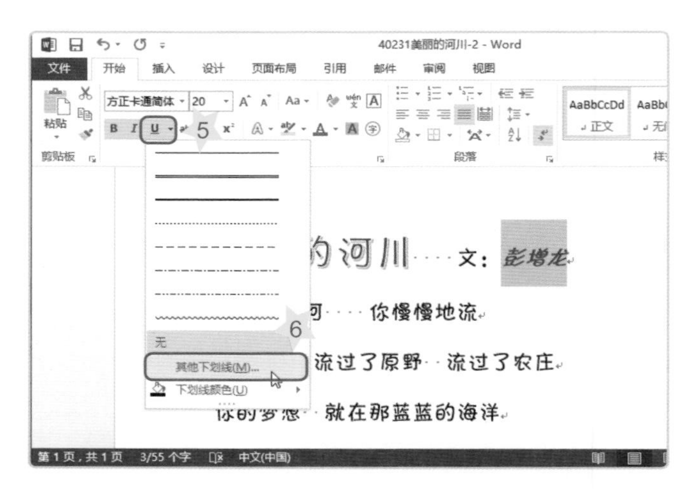

5 单击 U▾ “下划线”按钮的▾按钮，打开“下划线”列表。

6 选择“其他下划线”选项或选取一种下划线样式。

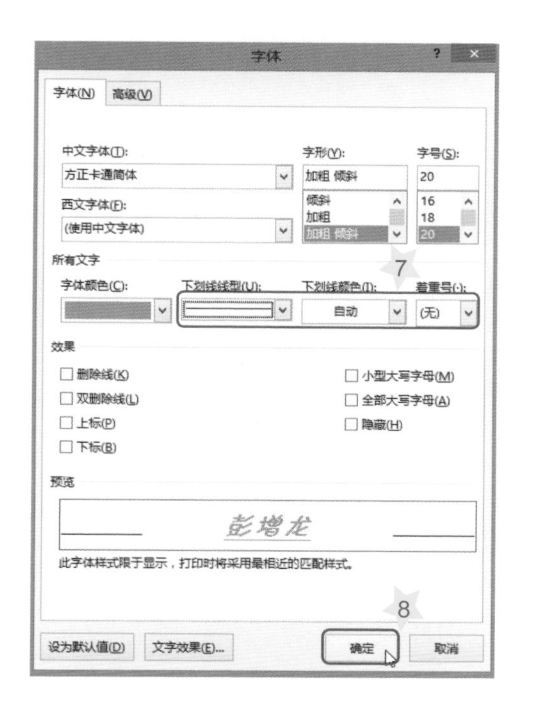

7 选择一种下划线样式与颜色。

8 单击“确定”按钮。

魔法棒

可以在这个对话框中设置文字的字体、颜色、下划线等文字效果喔！

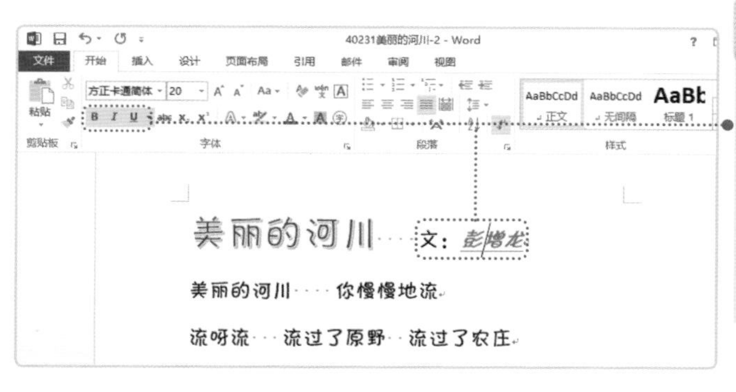

魔法棒

文字的样式设置完成后，将光标置于文字上方，功能区上的工具按钮会呈现选中状态。

四　标识拼音符号

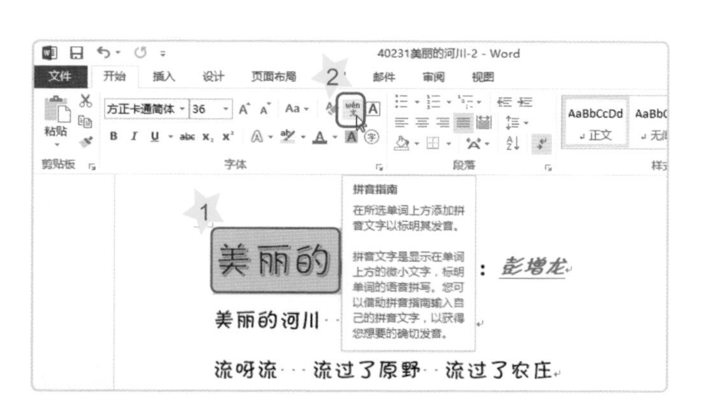

1 选择“美丽的河川”标题文字。

2 单击 wén 文 “拼音指南”按钮。

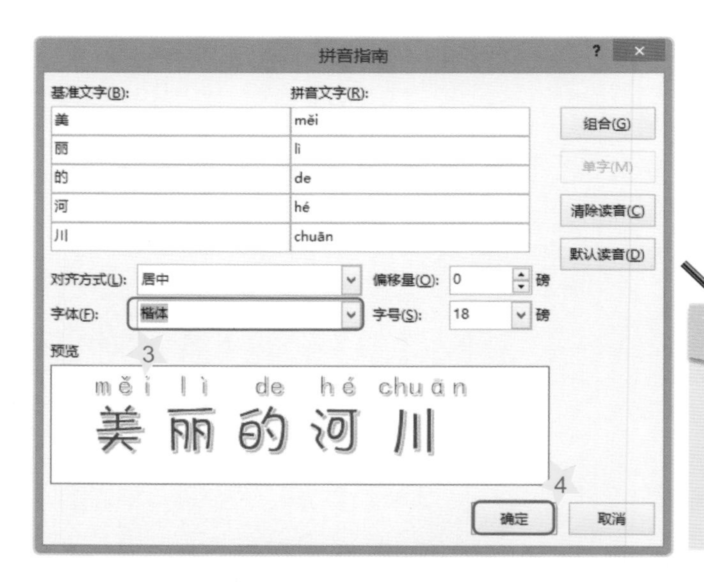

3 单击“楷体”或其他合适的字体。

4 单击“确定”按钮。

魔法棒

用相同的方法标识其他文字的拼音，一句一句标识喔！

五 修改拼音对齐方式

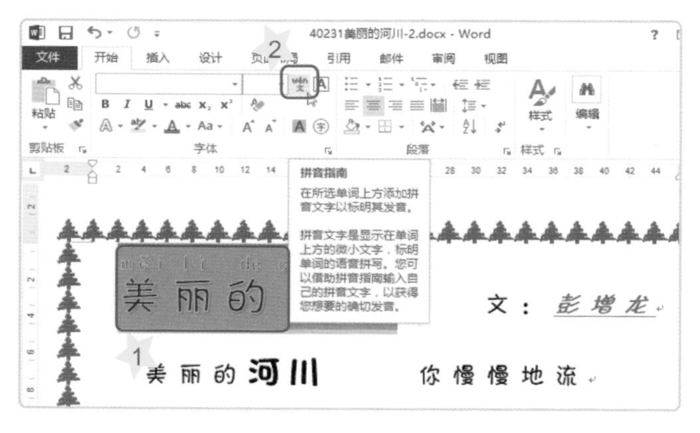

1 选择“美丽的河川”文字范围，当前拼音排列方式为紧凑。

2 单击 wén文 “拼音指南”按钮。

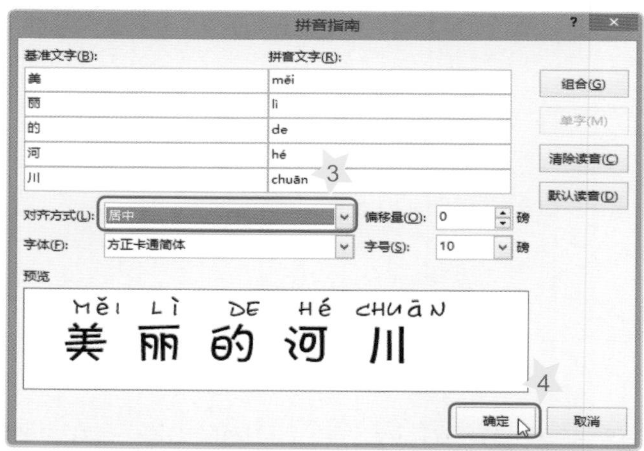

3 选择“居中”对齐方式。

4 单击“确定”按钮。

六　设置字符间距

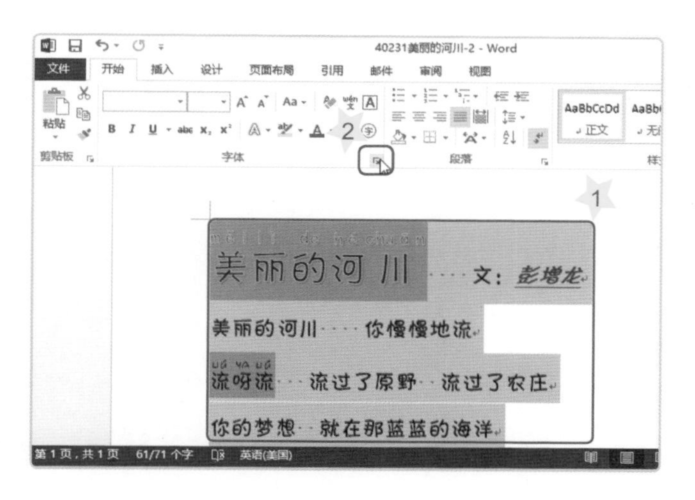

1. 以拖曳方式选择童诗内容。
2. 单击按钮显示“字体”对话框。

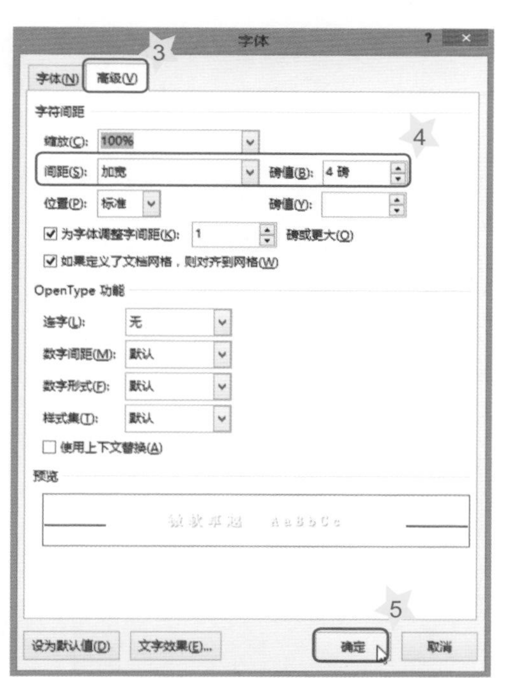

3. 单击“高级”选项卡。
4. 单击“加宽”间距并设置大小。
5. 单击“确定”按钮。

mĕi lì de hé chuān
美 丽 的 河 川　文：彭 增 龙
美 丽 的 河 川　你 慢 慢 地 流
流 呀 流　流 过 了 原 野　流 过 了 农 庄
你 的 梦 想　就 在 那 蓝 蓝 的 海 洋

修改后的间距

2-3 文档版式的美化

在这一节中，我们将要调整文件的边距，同时进行文字位置、行高等设置，使得文字内容刚好符合一张A4纸张的版面。

一 文档版式设置

自定义边距的数值

1 单击“页面布局”功能选项卡。

2 单击“页边距”展开样式列表。

3 选择“适中”样式。

1. 各个边距值可以不一样喔！可依照文件的内容及用途适度地调整。
2. 单击“自定义边距”，打开“页面设置”对话框，可以自定义各个页边距的数值。

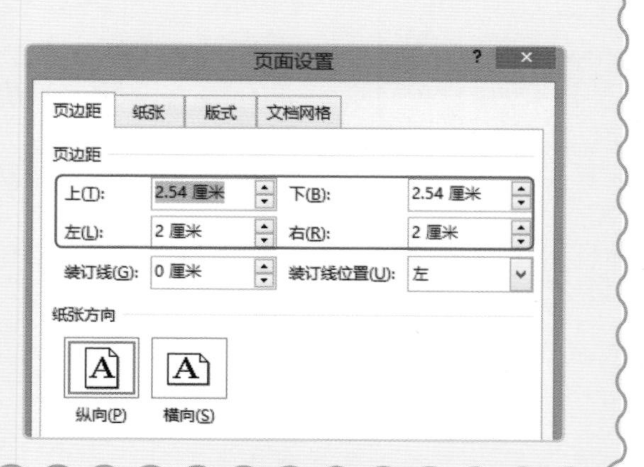

二　设置行距

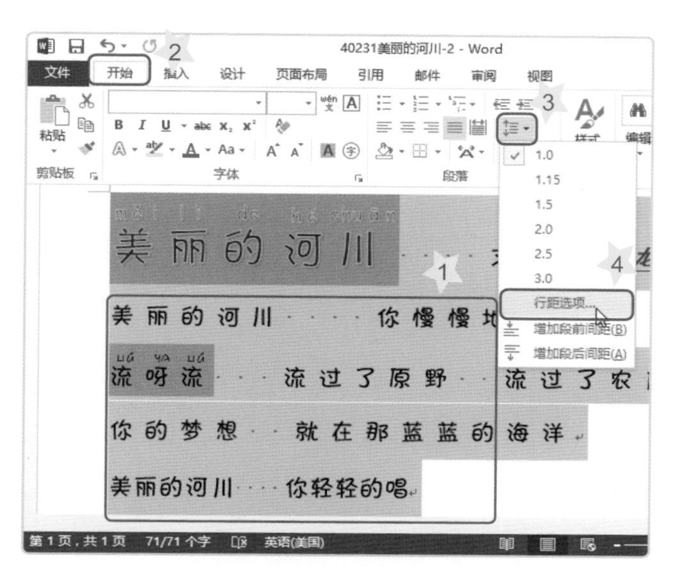

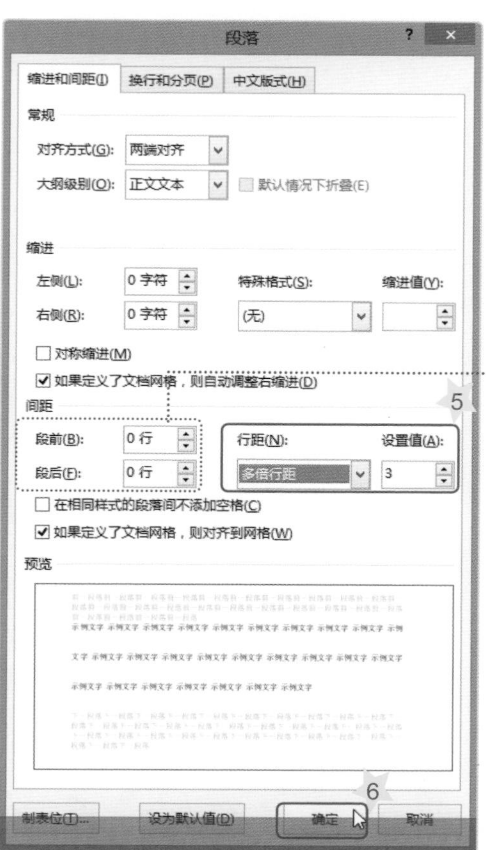

1. 以拖曳方式选取文章内容（不包含标题文字喔）。
2. 单击“开始”功能选项卡。
3. 单击 “行距与段落间距”按钮。
4. 选择“行距选项”。（或是直接选用默认数值试试看喔！）
5. 选择行距：“多倍行距”及行高：“3”。
6. 单击“确定”按钮。

魔法棒

单击▲和▼按钮可以调整该段落与前后段的距离。

三 段落文字的对齐方式

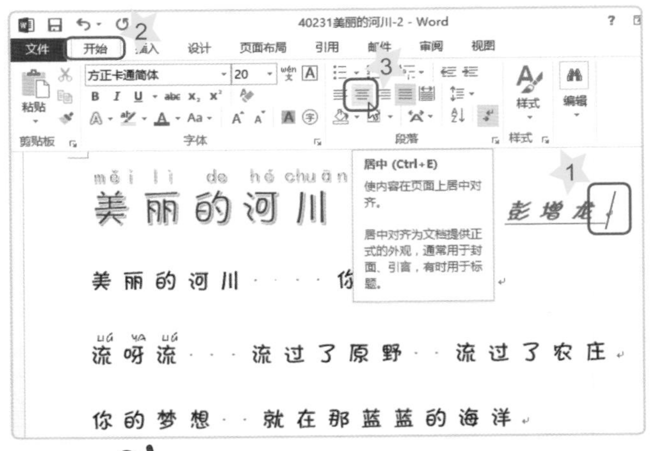

1 将光标置于该段落内的任意位置。

2 单击“开始”功能选项卡。

3 单击“居中”按钮，调整标题文字位于页面中央的位置。

1.Word的“对齐”工具按钮有左对齐、居中对齐、右对齐、两端对齐和分散对齐。

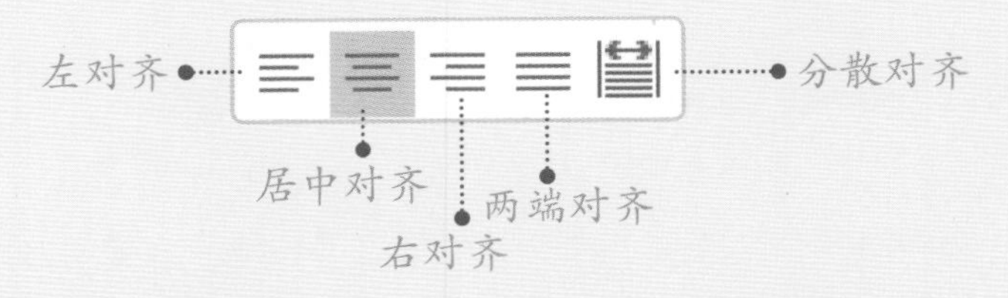

2.在“段落”对话框中，也可以直接设置段落文字的“对齐方式”。

四 设置段落左边缩进

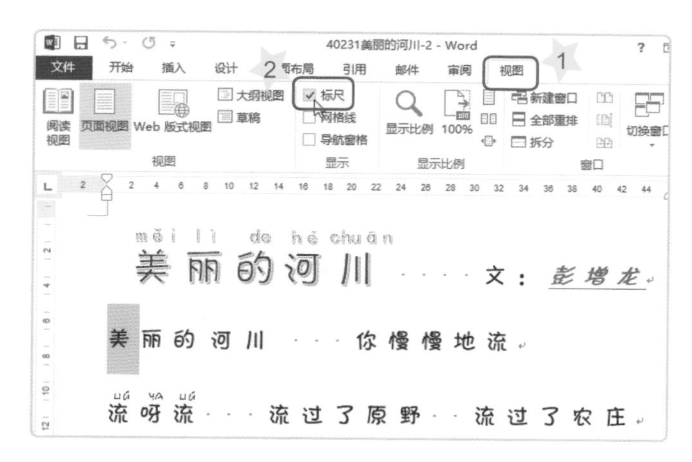

1 单击“视图”功能选项卡。

2 选择“标尺”选项。

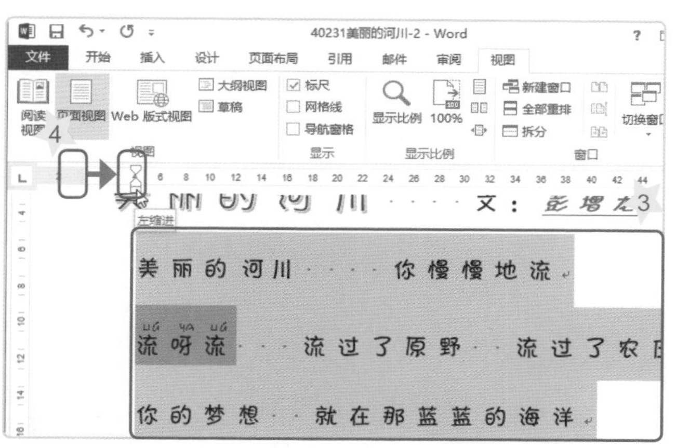

3 以拖曳方式选中文章内容（不包含标题文字喔）。

4 拖曳 “左缩进”按钮至“4”的位置。（是拖曳下方的 按钮喔！）

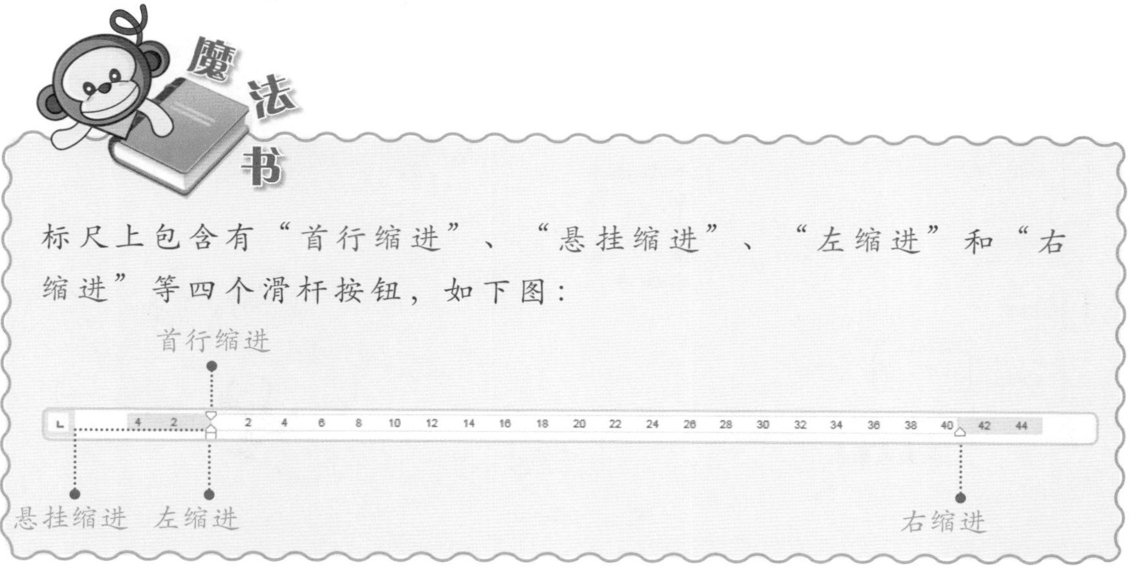

标尺上包含有“首行缩进”、“悬挂缩进”、“左缩进”和“右缩进”等四个滑杆按钮，如下图：

五 设置页面边框

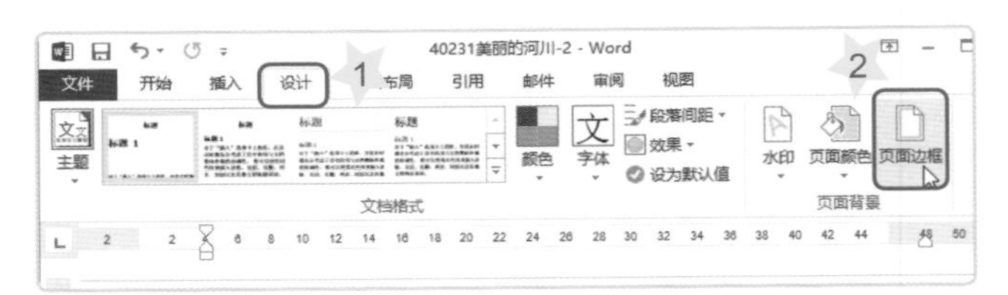

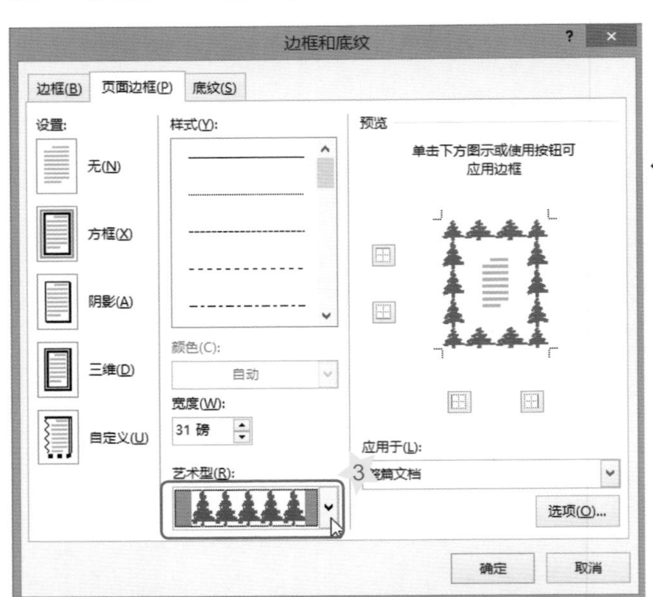

1 单击“设计”功能选项卡。

2 单击“页面边框”按钮。

3 选择一种花边样式。

设置“页面边框”时，不需要选取文字范围喔！

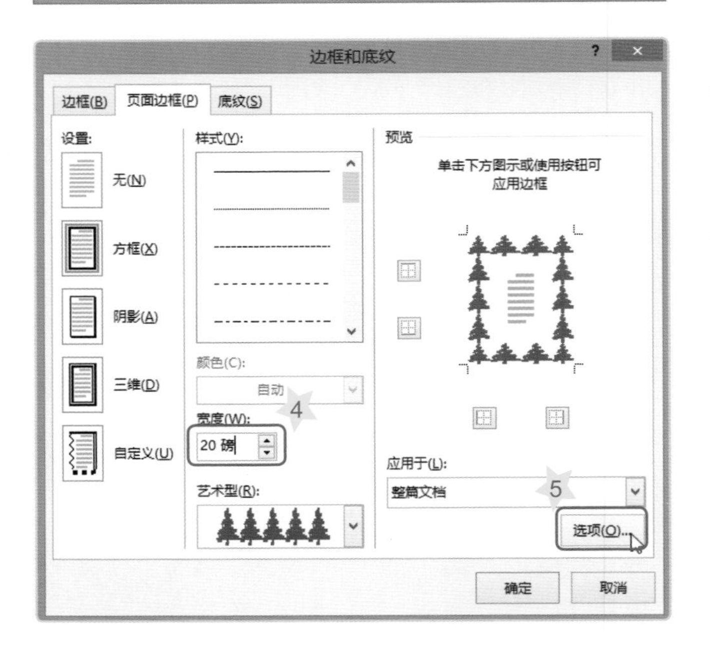

4 指定花边的宽度为“20磅”。

5 单击“选项”按钮。

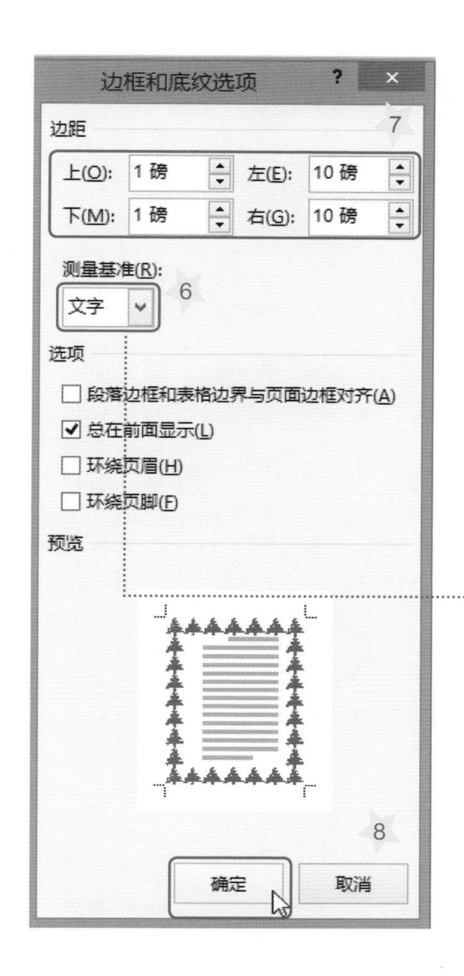

6 选择“文字”测量基准。

7 设置上、下边距值为“1磅”、左、右边距值为“10磅”。

8 单击“确定”按钮。

默认值是采用“页边”测量基准，但是有些打印机在使用“页边”测量基准时，无法完整打印出下边的边框线，因此我们还是采用“文字”测量基准比较稳妥！

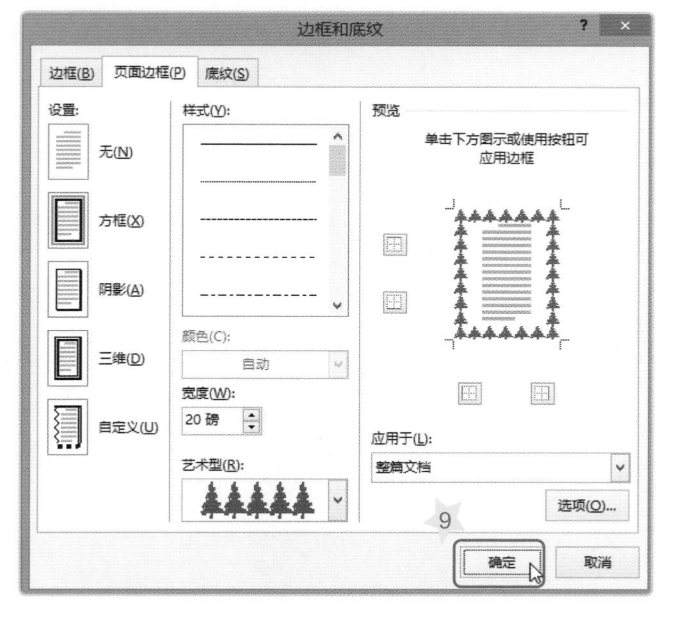

9 单击“确定”按钮。

2-4 分享我的作品

文件的页面布局及页面边框设置完成后，就可以把作品打印出来或是输出成PDF文件和大家分享啰！

一 打印文件

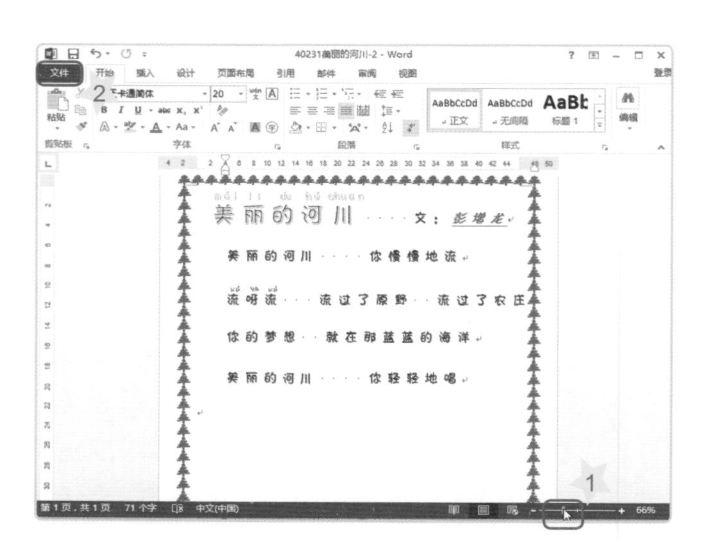

1 拖曳滑杆缩放文件，预览设置完成的页面。（满意后，请先保存文档喔！）

2 单击“文件”功能选项卡。

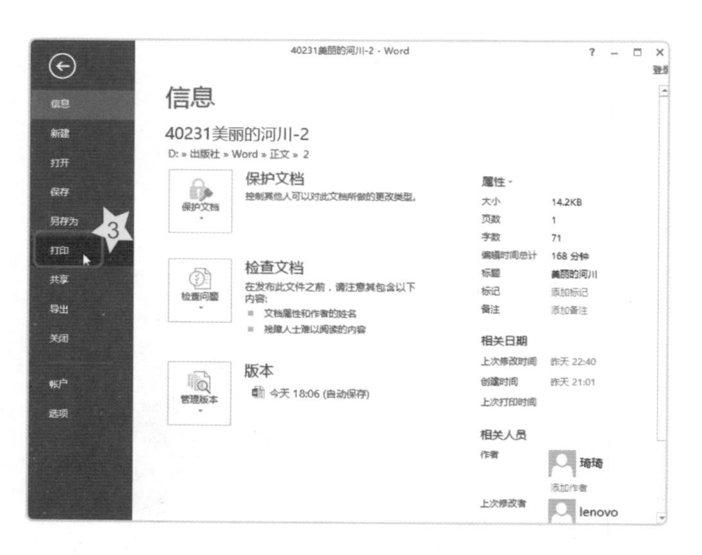

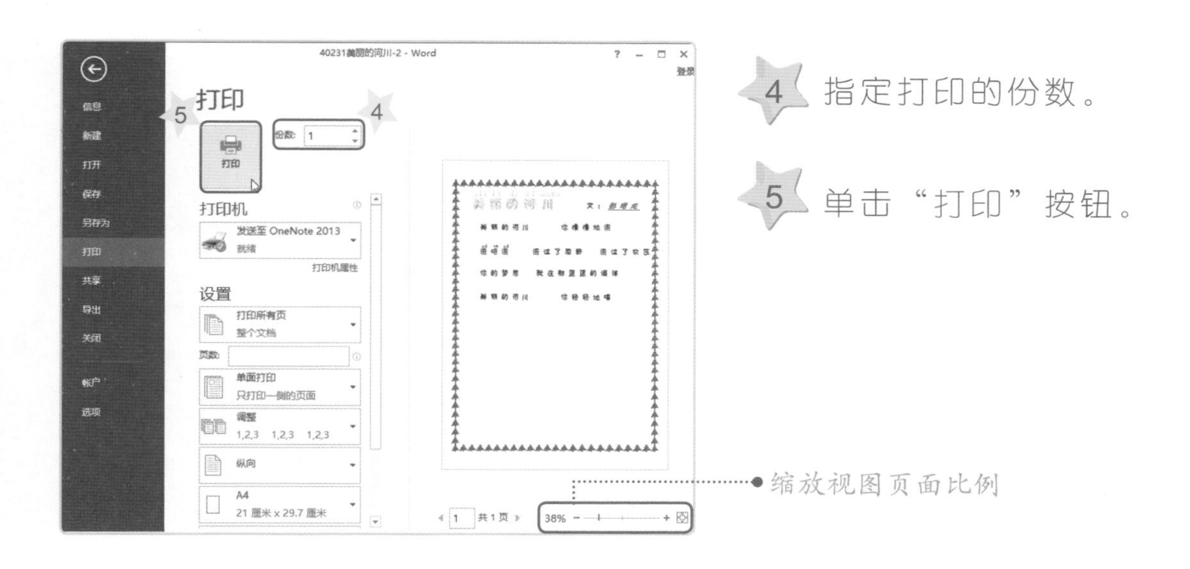

二 输出成PDF文件

PDF（便携式文件格式）是一种跨平台的电子文件模式，它可以保留各种源文件的字体、图像与排版信息，任何建立原始文件的应用程序或平台皆适用。因此将Word文件输出成PDF文件，可以让没有安装Word软件的使用者也欣赏到你的作品。

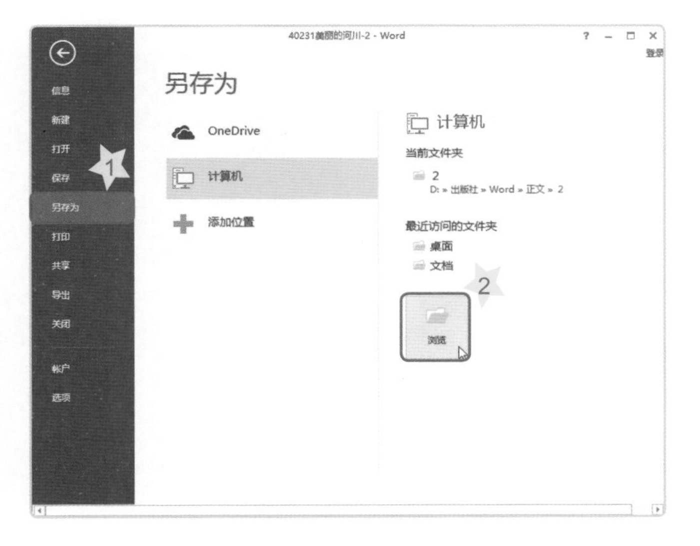

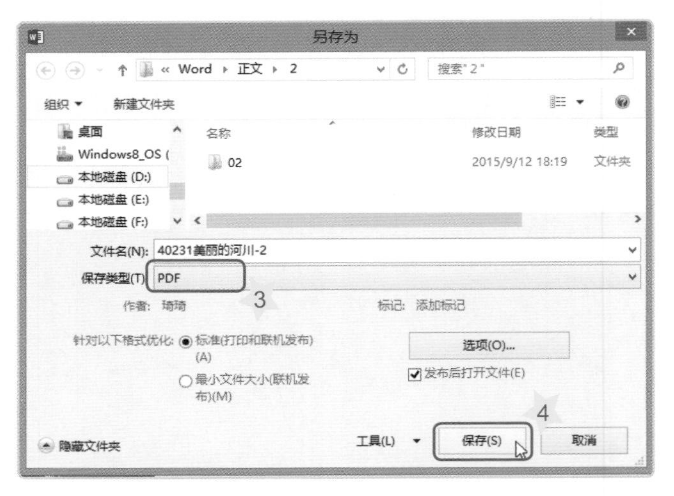

3 选择"PDF"保存类型。

4 单击"保存"按钮。

三 浏览PDF文件

要浏览PDF文件，你的计算机必须安装Adobe Reader或Foxit Reader等PDF阅读器软件。

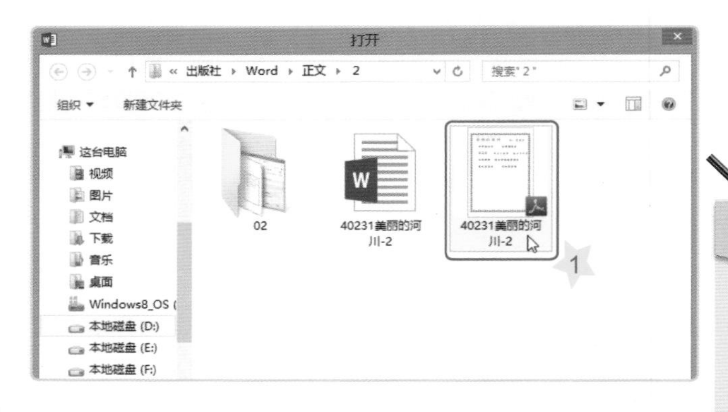

1 打开资源管理器，然后双击PDF文件。

魔法棒

PDF文件的文件图标显示为 或 符号，表示你的计算机已安装Adobe Reader软件。

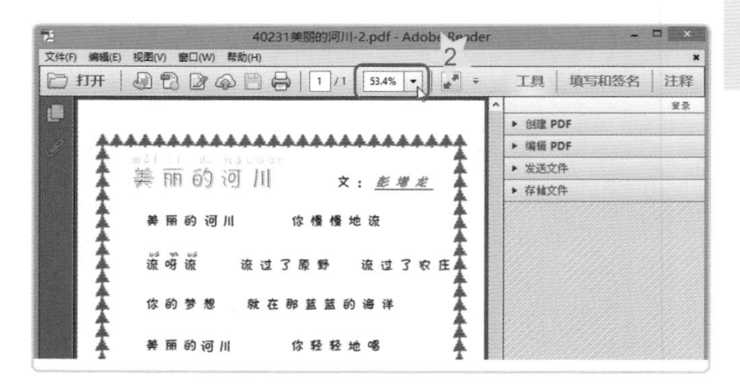

2 单击▼按钮可以调整文件视图比例。

升级箱

当你选取文字时，Word 2013 可以显示或隐藏一个小型、半透明且十分便利的工具栏，叫作“迷你工具栏”或“浮动工具栏”。这个迷你工具栏可协助你设置字体样式、字号、对齐方式、文字颜色、缩排阶层及项目符号等功能。

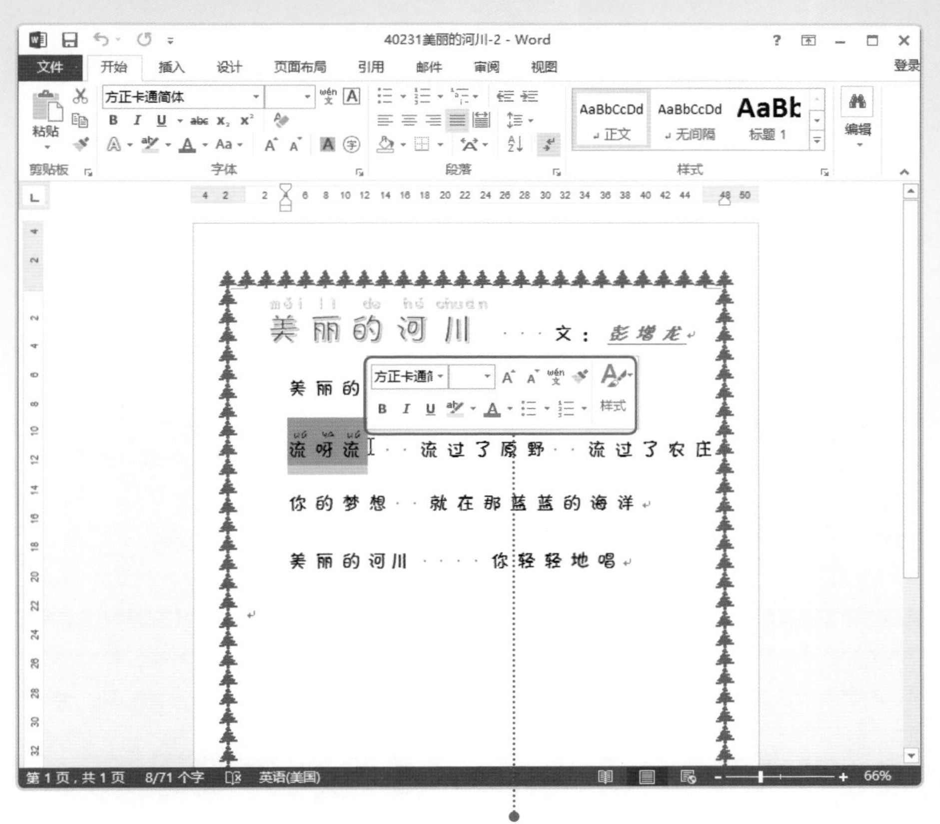

迷你工具栏

换你做做看

打开课后练习“40231童诗”，然后另存文件为“40231童诗2”，接着调整文字样式及版面配置，并设置页面边框线，最后再将作品打印出来和大家一起分享。

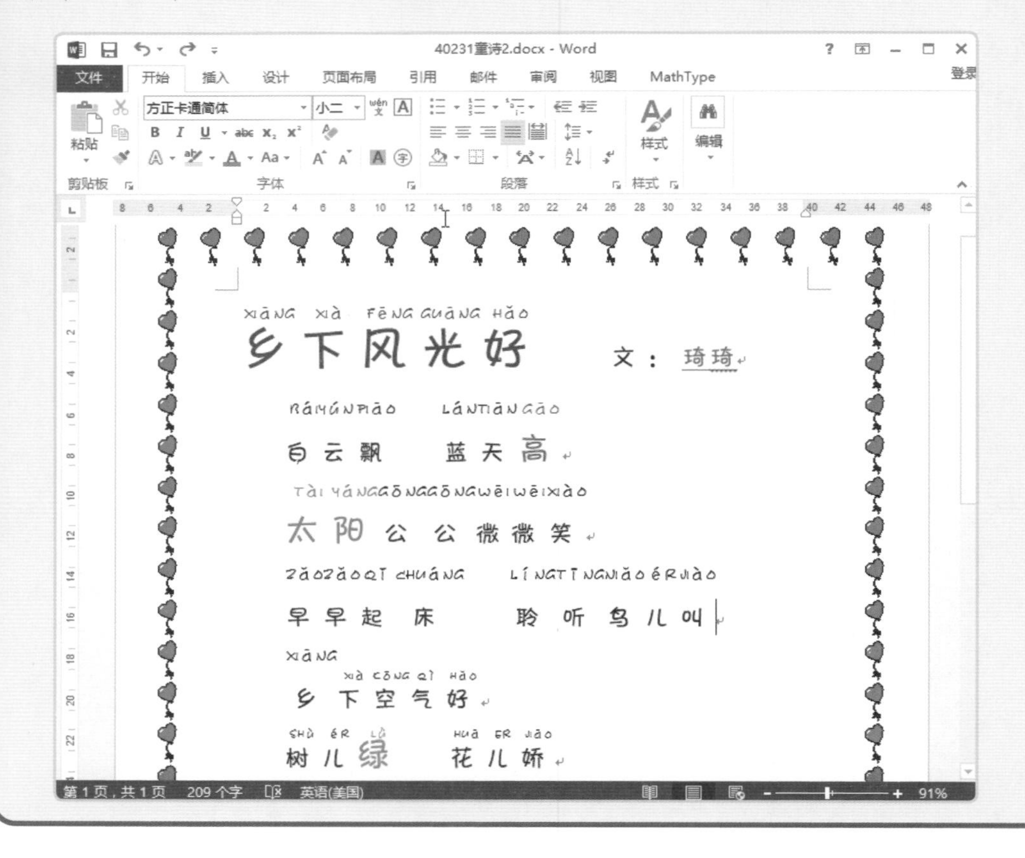

一百分

能美化及打印文件和大家一起分享

能调整文字的颜色与效果

能设置页面边框线及调整文字的位置

能调整文字的字体与大小

第3课 英文单词卡DIY

学习目标

1. 能用表格布置文档版式
2. 能调整表格的行高与列宽
3. 能用填充单元格颜色美化表格
4. 能在单元格内输入数据
5. 能插入图片

3-1 建立表格

在这一课中，将利用Word的表格与图片功能，制作可以随身携带的英文单词卡，然后将它打印出来和大家一起分享、学习，以增进彼此的英文能力。

一 版面设置

1. 启动Word软件并打开新文件。
2. 单击“页面布局”功能选项卡。
3. 单击“页边距”按钮。
4. 选择“自定义边距”选项。

5. 上、下、左和右页边距设置为“2厘米”。
6. 单击“横向”，以设置纸张方向。

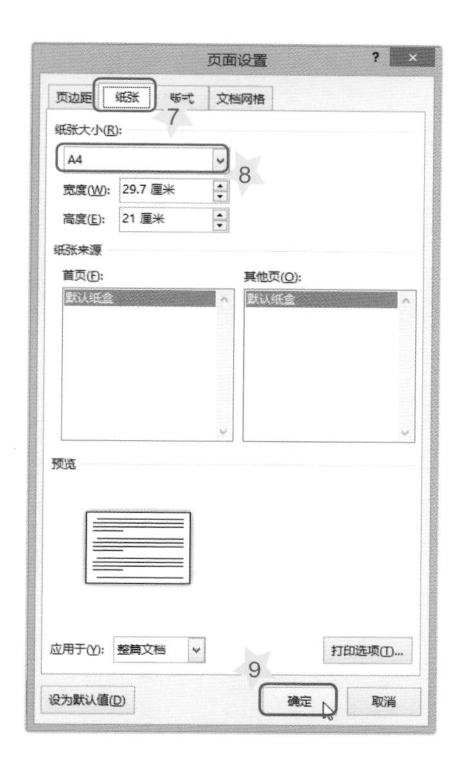

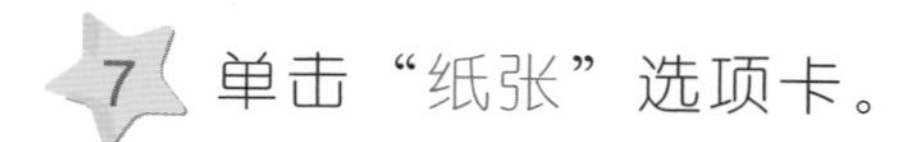
7 单击“纸张”选项卡。

8 选择“A4”纸张大小。

9 单击“确定”按钮。

魔法棒

在使用计算机设计程序，进行字处理或是绘图等工作时，当新建文件后，应立即保存文件，然后每隔几分钟就应保存文件，以免计算机死机前功尽弃。

二 保存文件

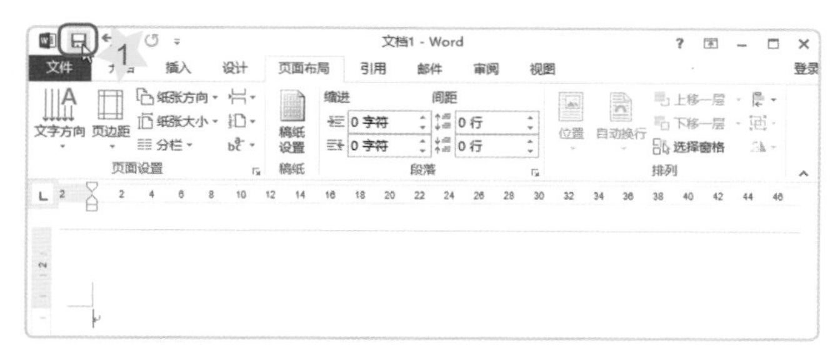

1 单击“保存”按钮。

2 单击“浏览”按钮。

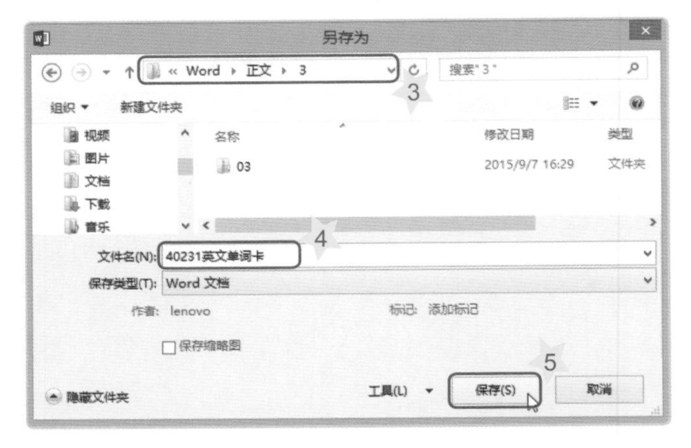

3 指定保存的文件夹位置。

4 输入文件名，如"40231英文单词卡"。

5 单击"保存"按钮。

三 插入表格

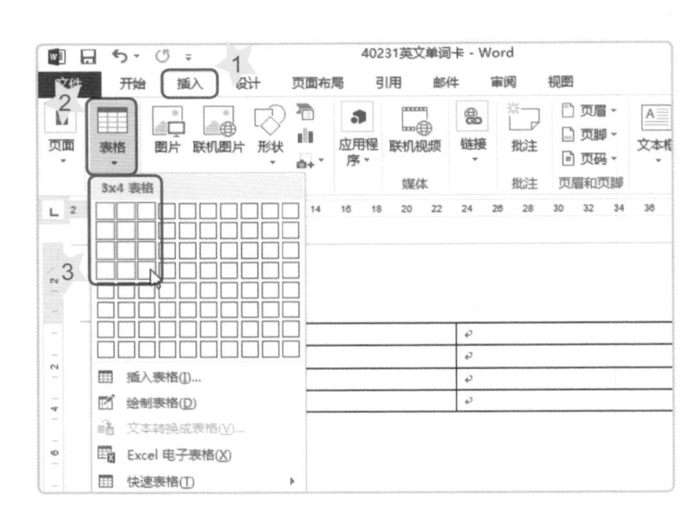

1 单击"插入"功能选项卡。

2 单击"表格"按钮。

3 向下移动光标，选中所需大小，如"3×4表格"后单击确认。

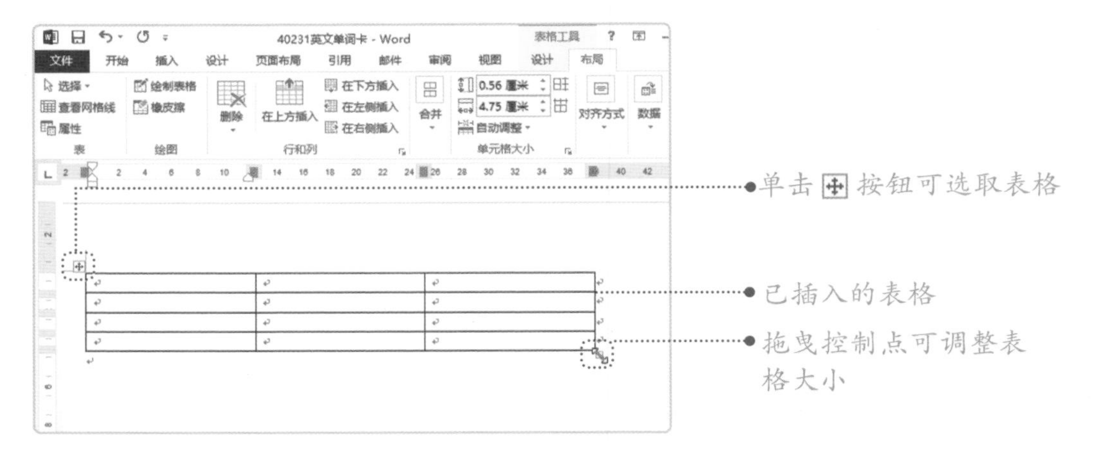

3-2 表格的编辑

在这一节中，我们将学会如何调整表格的行高与列宽，并且设置单元格的颜色及边框线样式，来美化单词卡的版面。

一 认识表格用语

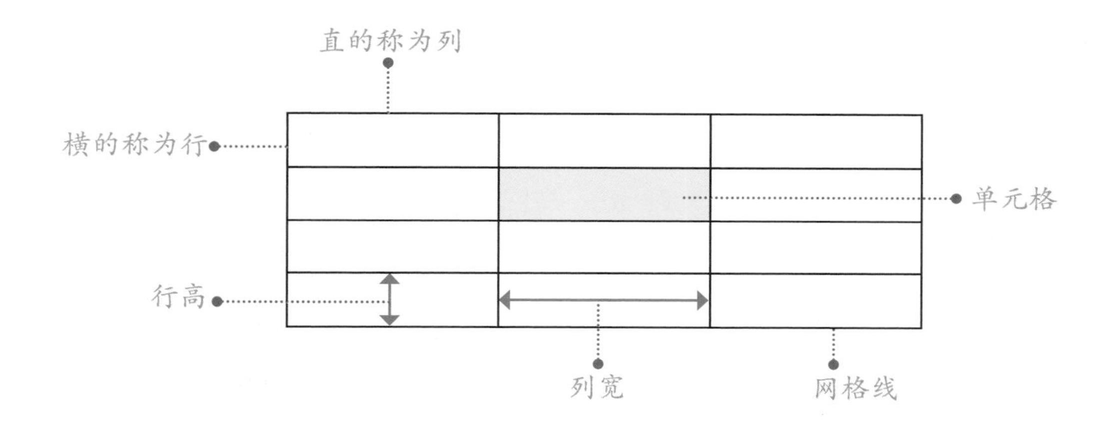

二 手动调整行高

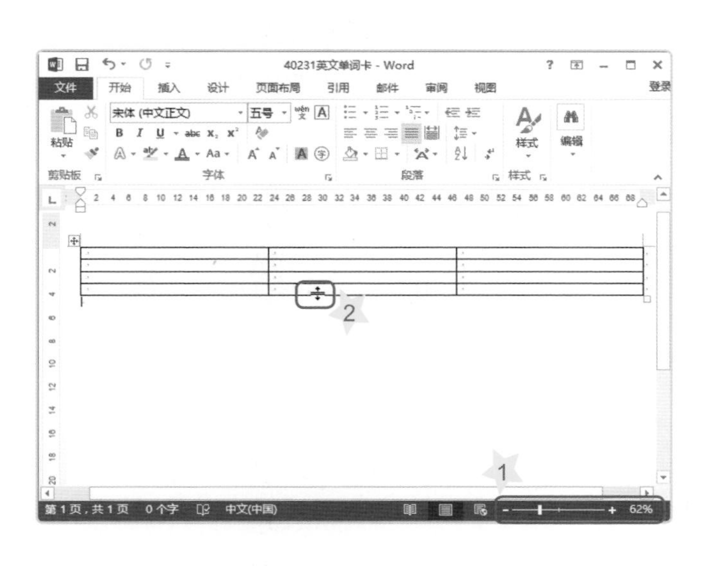

1 拖曳滑杆调整文件显示比例，直到可以显示出完整文件。

2 光标移动至下边框线上，光标呈 ÷ 状时单击并向下拖曳，来调整最后一行的高度。

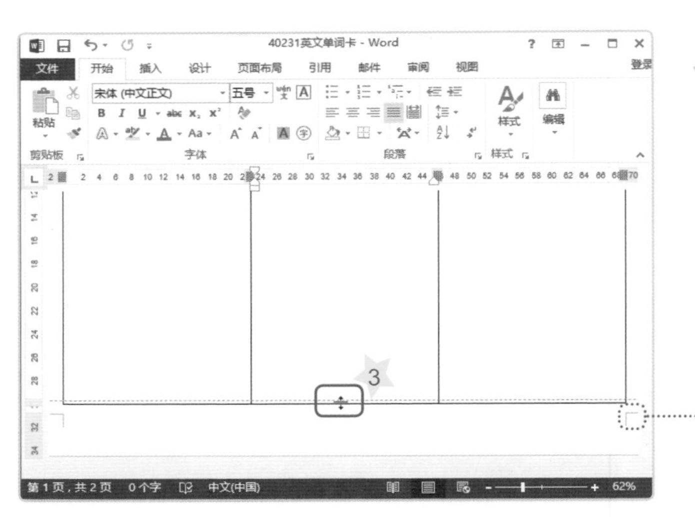

3 拖曳边框线至纸张下方边距标记附近时，放开鼠标。

三 平均分配行高

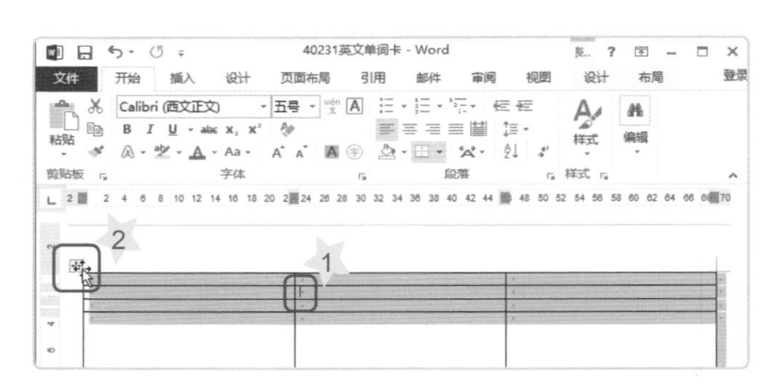

1 将光标插入点置于任意单元格内。

2 单击⊞按钮选中整个表格。

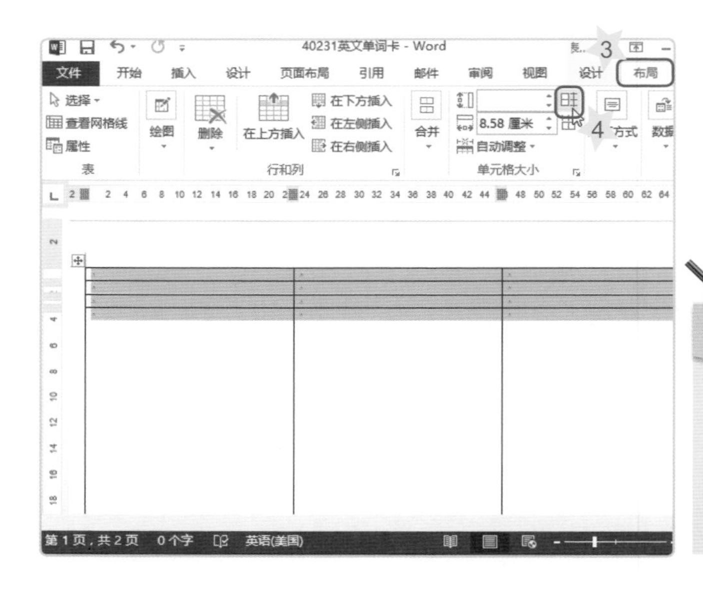

3 单击“表格工具”的“布局”关系型功能选项卡。

4 单击⊞“分布行”按钮。

魔法棒

“表格工具”是属于关系型工具，光标置于表格内才会显示出来。

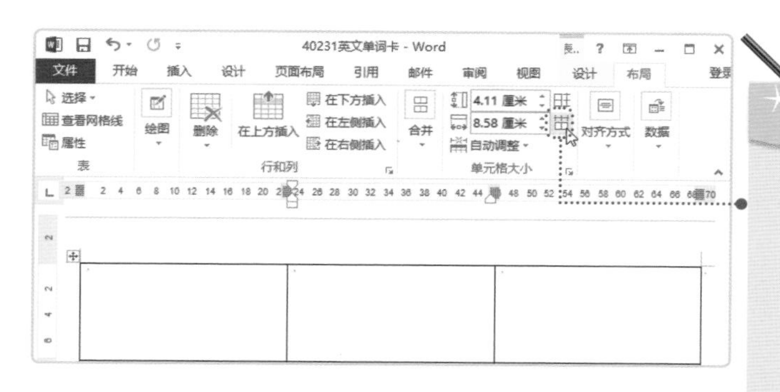

魔法棒

直接拖曳垂直的边框线可以手动调整列宽；单击田“分布列”按钮可以平均分布列宽。

四　固定行高

为避免加入文字或图片至单元格后，更改整行的高度，使得制作的单词卡大小不一，我们可以固定每一行的高度。

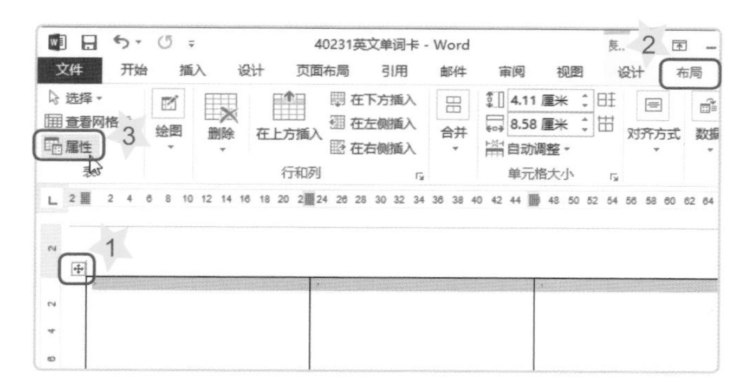

表格属性

表格(T)　行(R)　列(U)　单元格(E)　可选文字(A)

第 1 行:

尺寸

☑ 指定高度(S): 4.11 厘米　行高值是(I): 最小值

最小值

固定值

选项(O)

☑ 允许跨页断行(K)

☐ 在各页顶端以标题行形式重复出现(H)

▲ 上一行(P)　▼ 下一行(N)

确定　取消

1. 单击⊞按钮选中整个表格。
2. 单击“表格工具”的“布局”关系型功能选项卡。
3. 单击“属性”按钮。
4. 单击“行”选项卡。
5. 选择“固定值”选项。
6. 单击“确定”按钮。

五 设置边框线

整张的单词卡制作完成后，我们可以将它打印出来，裁切成一张张独立的单词卡，便于和其他同学分享。因此我们要将边框线更改为虚线，以便裁切。

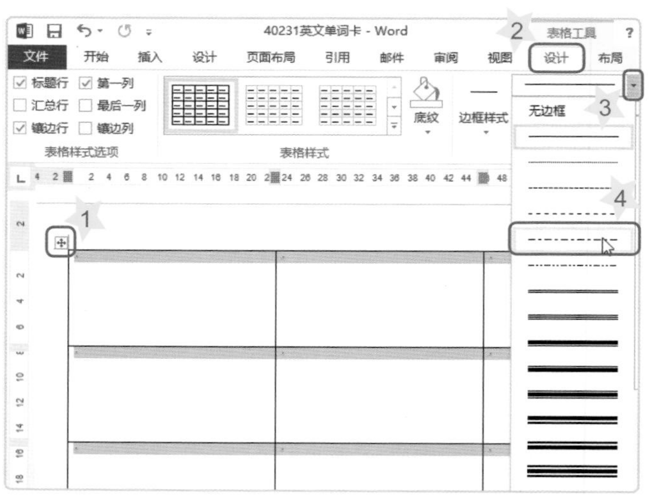

1 单击⊞按钮选中表格。

2 单击“表格工具”的“设计”关系型功能选项卡。

3 单击“笔样式”旁的▾按钮，展开下拉列表。

4 选择一种“虚线”样式。

5 单击“边框▼”按钮，展开边框线样式列表。

6 选择“所有框线”选项。

7 设置完成后在任意位置单击，来取消表格选中状态。

设置边框线粗细及颜色

设置后的边框线

六　填充单元格颜色

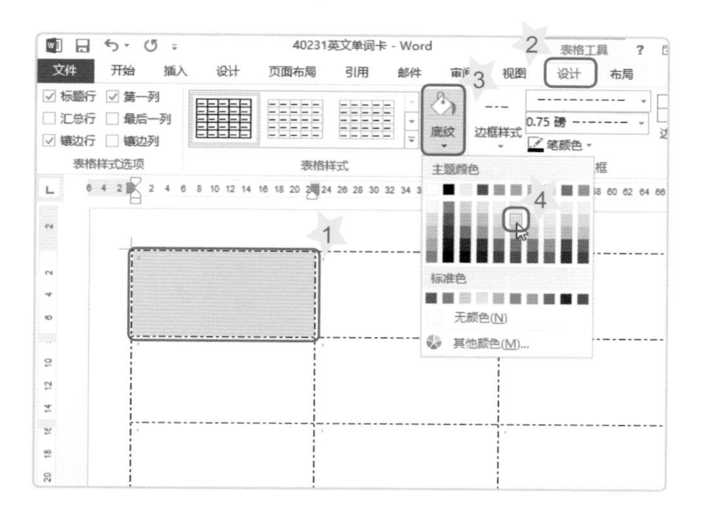

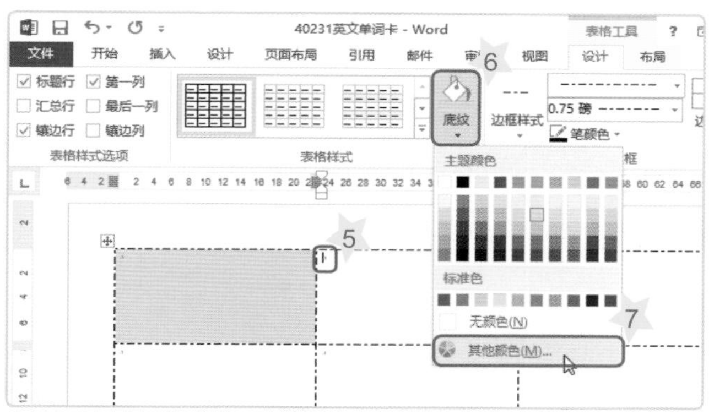

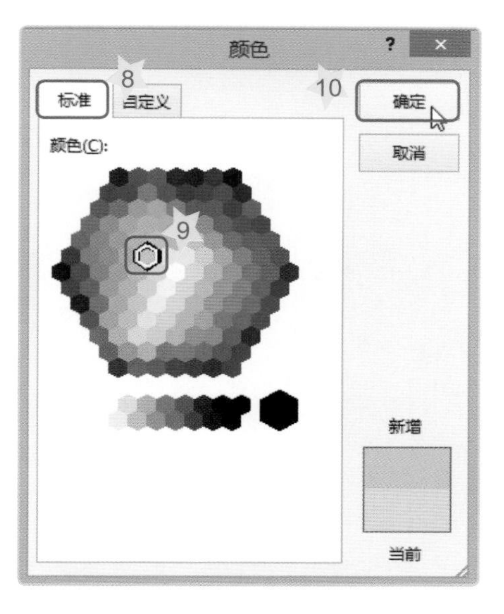

1. 将光标置于单元格内。
2. 单击“表格工具”的“设计”关系型功能选项卡。
3. 单击“底纹▼”按钮，展开颜色列表。
4. 选择一种颜色方块。
5. 将光标置于第1行第2列单元格内。
6. 单击“底纹▼”按钮，展开颜色列表。
7. 选择“其他颜色”选项。
8. 单击“标准”选项卡。
9. 选择一种颜色样式。
10. 单击“确定”按钮。（用相同方法，分别将其他单元格，填充不同颜色喔！）

3-3 建立表格数据

单词卡版面设计完成之后，接下来将光标插入点置于单元格内，然后开始输入单词卡内容。

一 输入表格文字

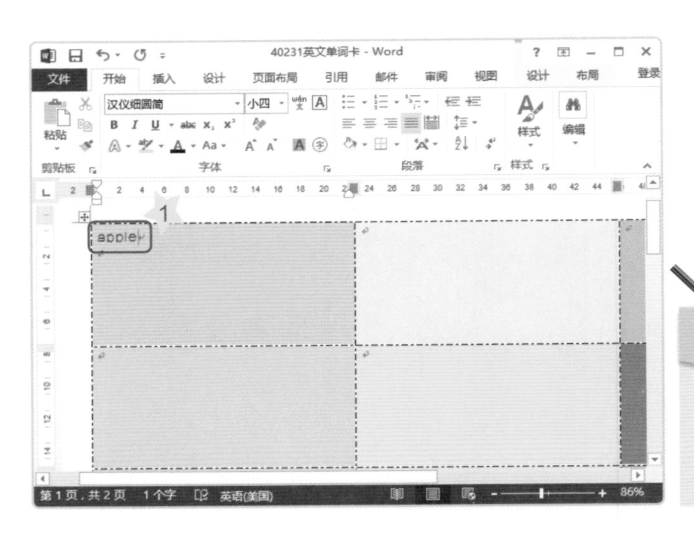

1 将光标插入点置于第 1 行第 1 列单元格内，然后输入“apple”并按下 Enter 键。

魔法棒

把你学过的单词做成单词卡，和同学一起分享喔！

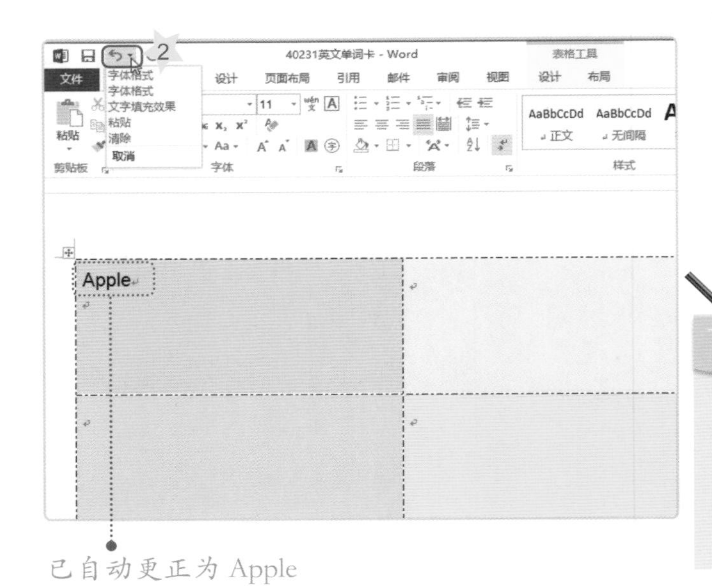

已自动更正为 Apple

2 如果想撤销当前操作，可以按下“撤消”按钮，可以撤销临近几次操作。

魔法棒

Word有英文自动更正的功能，会将段落的第一个字母自动改为大写。

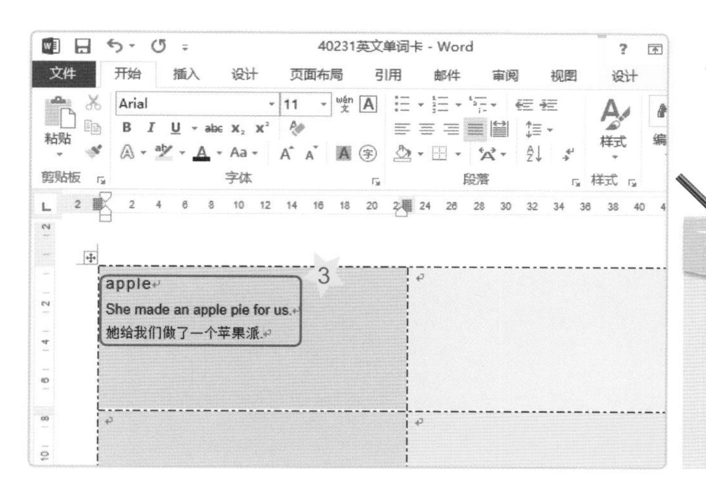

3 输入单词、例句与例句中文翻译等文字。

魔法棒

把你学过的单词与例句写下来，制作成英文单词卡，内容可以自己设计喔！

二 文字格式设置

1 选取“apple”单词。

2 指定文字的大小为“28”，字体样式自定义。

3 单击 A▾ “字体颜色”按钮，打开颜色方块列表。

4 选择一种颜色方块。

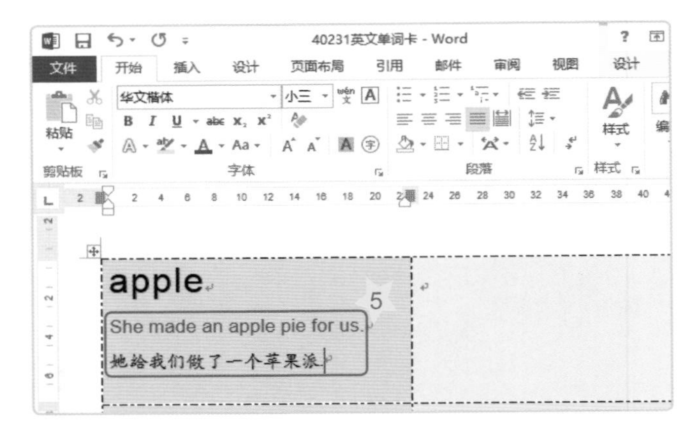

5 用相同方法，设置例句文字的字体、颜色及大小。

三 段落样式设置

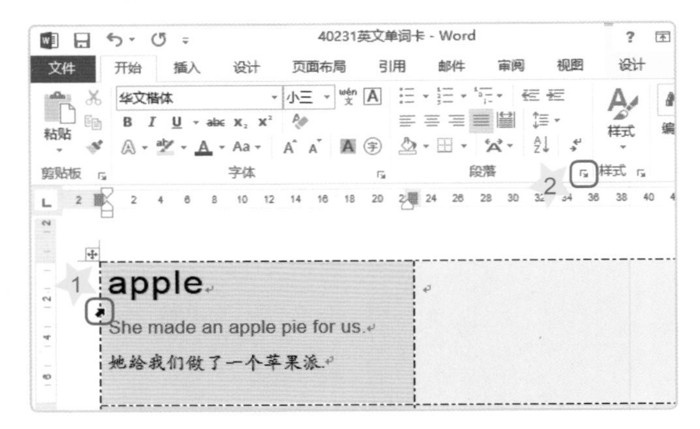

1 鼠标移至单元格的左边框线上，光标呈⬈状时单击，选中单元格内容。

2 单击按钮显示“段落”对话框。

3 取消选择“如果定义了文档网格，则对齐到网格”选项。

4 单击“确定”按钮。

魔法棒

取消网格线对齐的选项，可以避免因放大文字而自动增加文字行距。

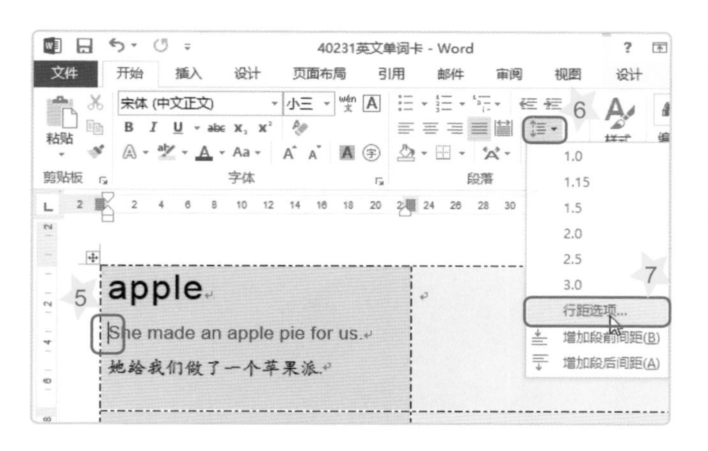

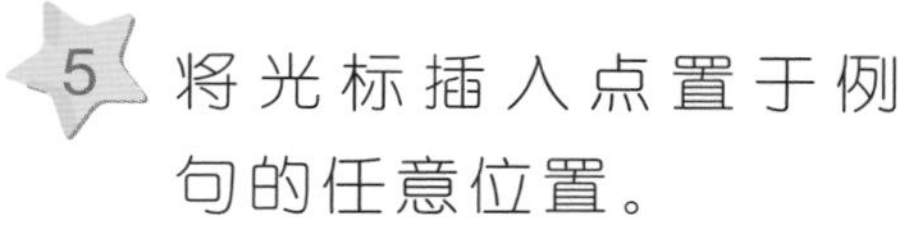

5 将光标插入点置于例句的任意位置。

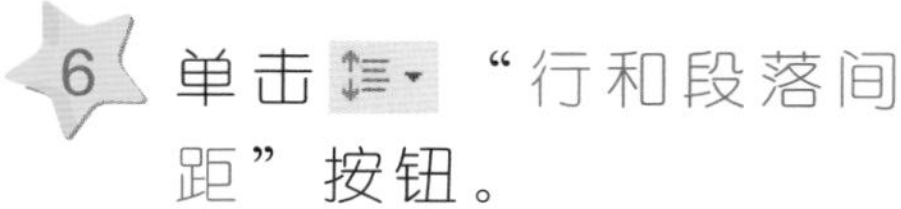

6 单击 “行和段落间距”按钮。

7 选择“行距选项”选项。

8 分别指定段前、段后距离为“1.5行”与“0.5行”。

9 单击“确定”按钮。

魔法棒

调整“与前段距离”的效果，和调整行距不一样，它只会改变第一行与前段的间距喔！

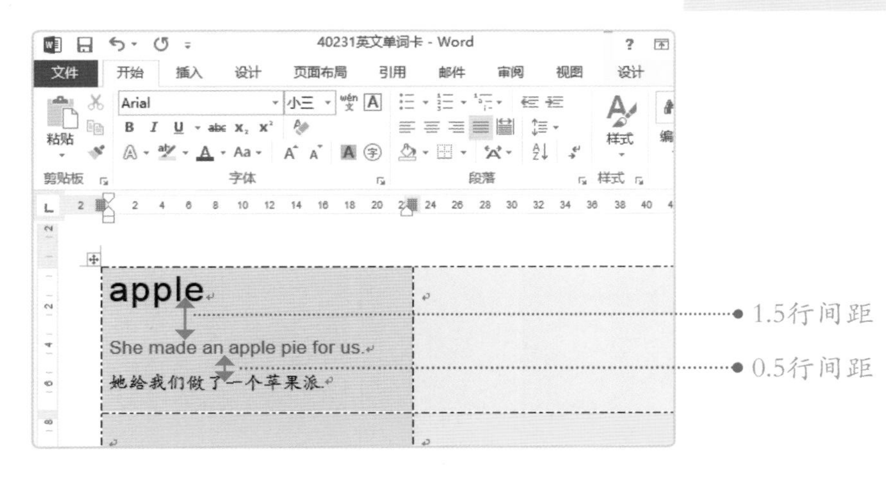

四 复制单元格内容

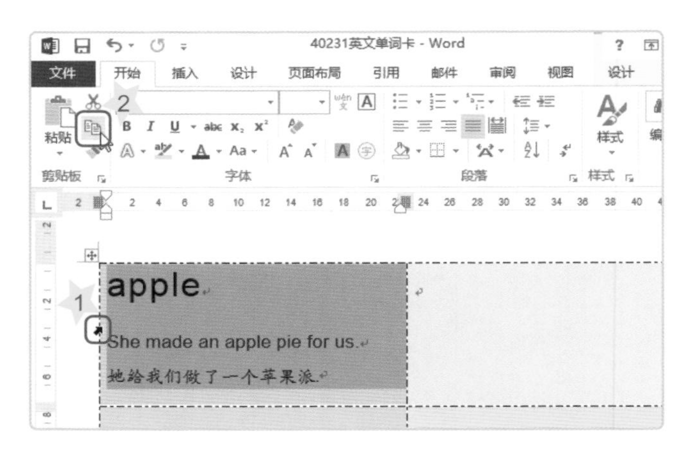

1. 将光标移至单元格的左边框线上，光标呈↗状时单击，选取单元格内容。

2. 单击 “复制”按钮。

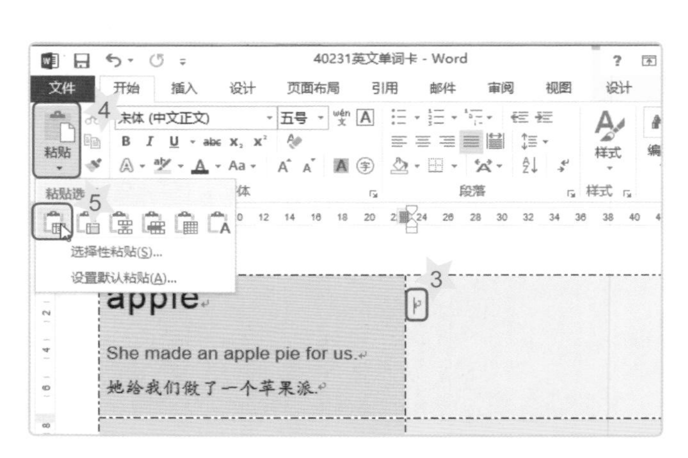

3. 将光标插入点置于另一个单元格内。

4. 单击“粘贴▼”按钮展开粘贴选项列表。

5. 单击 “单元格内容”按钮。

6. 重复步骤3～5的方法，将单元格内容贴到其他单元格。

7. 修改单词卡文字内容及颜色。（文字颜色不要和单元格的颜色太接近，否则打印出来会不清楚喔！）

3-4 插入图片

在这一节中，我们将在每一张单词卡上加入相关的图片，来美化单词卡版面。

一 从文档插入图片

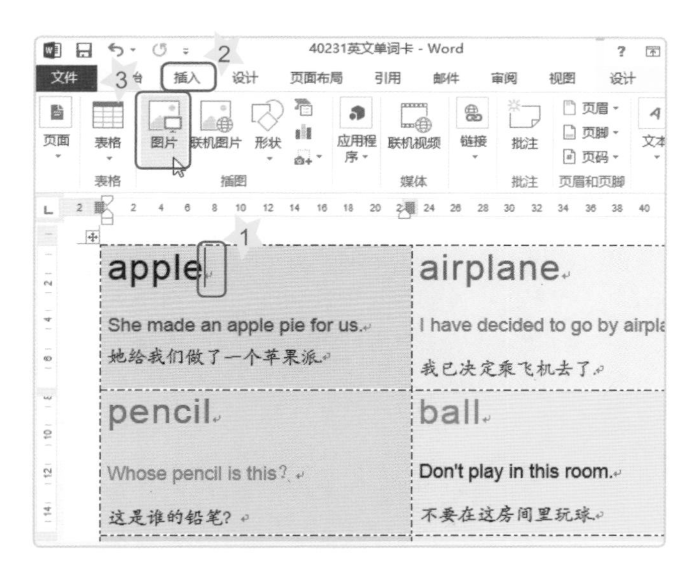

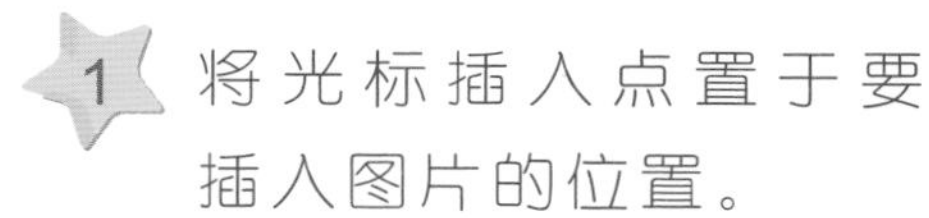

1 将光标插入点置于要插入图片的位置。

2 单击“插入”功能选项卡。

3 单击“图片”按钮。

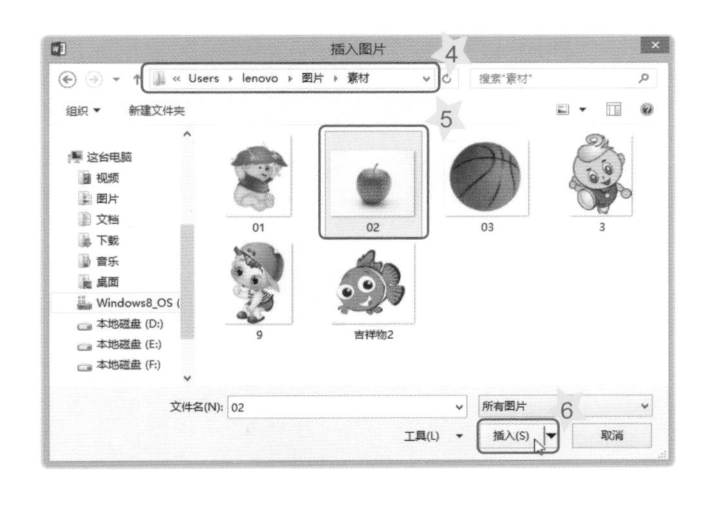

4 单击“Users\lenovo\图片\素材”（示例）文件夹或选择其他文件夹位置。

5 选择要插入的图片。

6 单击“插入”按钮。

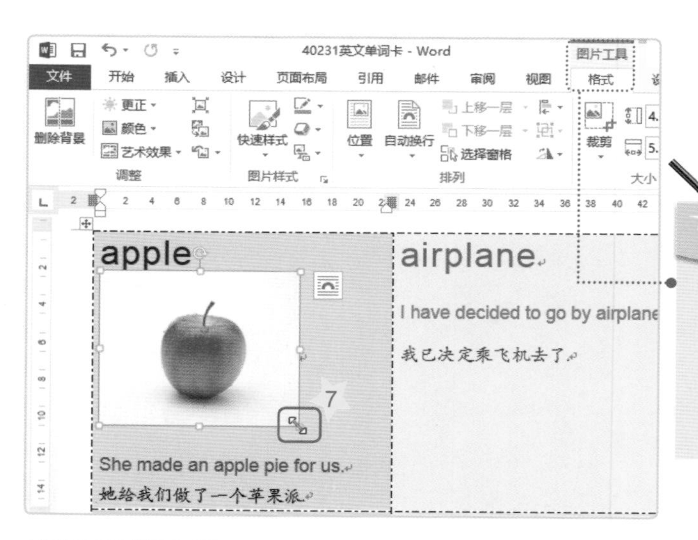

7 先选择图片，再拖曳控制点调整图片大小。

魔法棒

要先选择图片对象，才会显示“图片工具”的关系型功能选项卡。

8 单击“格式”功能选项卡中的“位置”按钮。

9 选择“中间居右，四周型文字环绕”选项。

魔法棒

“文字环绕”是指文字和图片的排列方式。

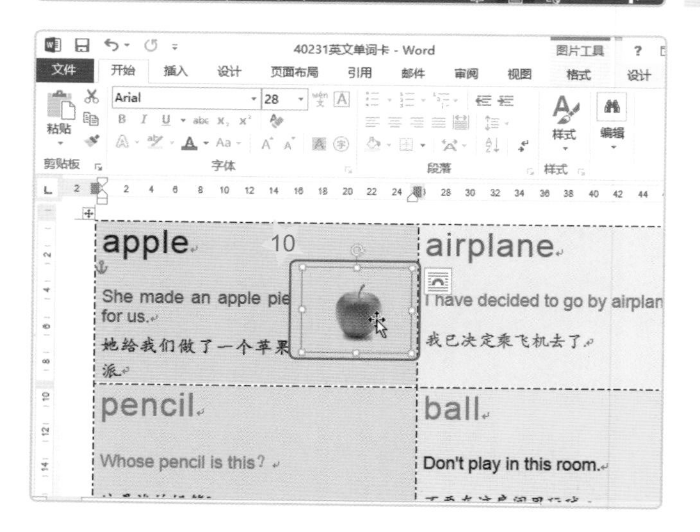

10 以拖曳图片的方式，调整图片的位置。

二　插入在线图片

Word提供的图片可以分为两个来源：一是安装软件时软件自带的图片，另一个来源是Office.com网站，它是由Microsoft公司建立的网站，提供合法使用者自由下载使用网站内的插图。

1. 将光标插入点置于要插入图片的位置。
2. 单击“插入”功能选项卡。
3. 单击“联机图片”按钮。

4. 输入“飞机”等图片关键词，然后单击“搜索”按钮。

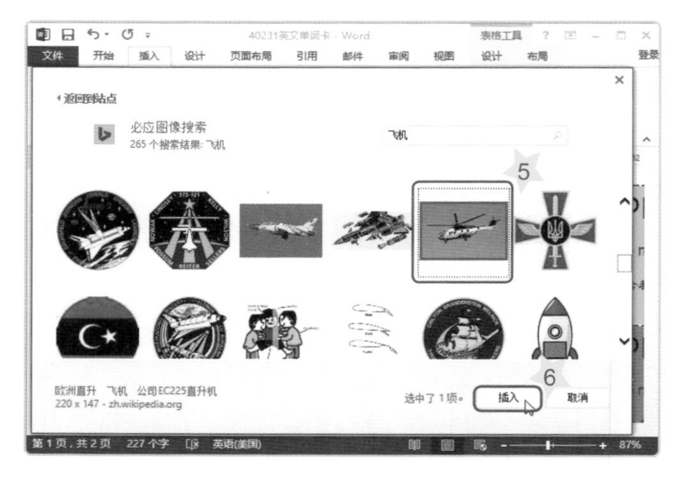

5 选择要插入的图片。

6 单击“插入”按钮。

7 单击“自动换行”按钮。

8 选择“浮于文字上方”选项。

魔法棒

不满意插入的图片时，请先选中图片，再按下 Delete 键即可删除图片。

9 拖曳图片调整位置及大小。（其他单词卡的图片，留做课后练习哟！）

魔法棒

使用“浮于文字上方”的排列方式，可以让图片像贴纸一样，任意移动位置。大家可以自由选择多多尝试。

升级箱

在"插入图片"的窗口中，你可以在"必应图像搜索"文字框内输入关键词，搜索网络上的图片、音频等素材。不过，使用这些图片要注意版权问题喔！

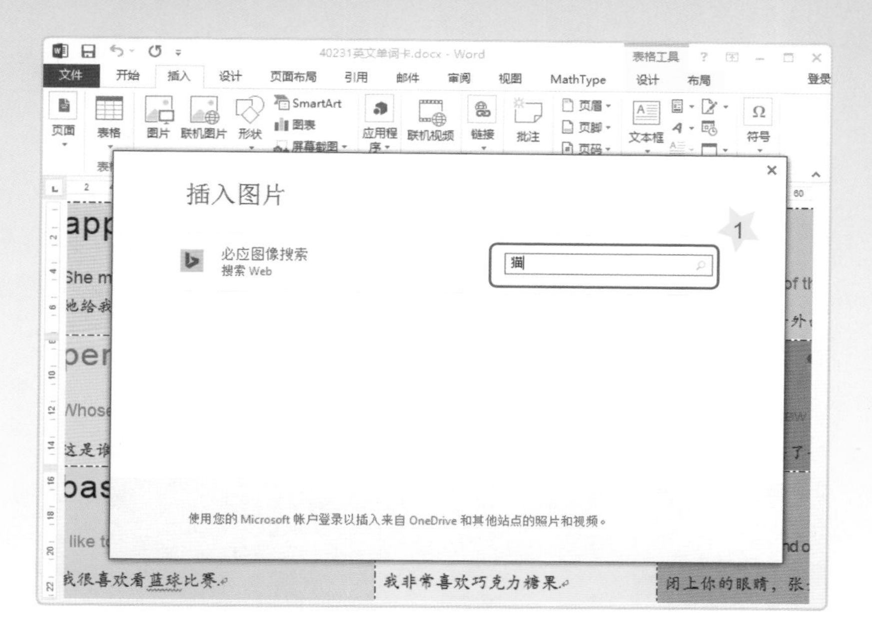

注意图片版权问题喔！

换你做做看

打开你在本课中建立的英文单词卡文件，继续完成其他单元格内的单词卡，并把它打印出来和同学交换分享。

一百分 能插入图片及设置图旁串字样式

不错哦 能在表格内输入文字及设置文字格式

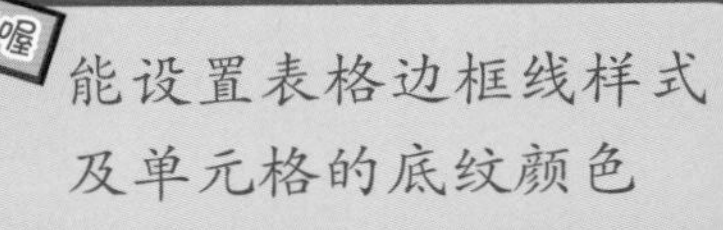

很棒喔 能设置表格边框线样式及单元格的底纹颜色

加油哟 能用表格布置文档版式

第 4 课 设计我的课程表

学习目标

1. 能用表格工具绘制课程表
2. 能调整表格的行高与列宽
3. 能合并与拆分单元格
4. 能插入特殊符号
5. 能用艺术字制作标题

4-1 绘制课程表表格

Word提供人性化的表格绘制工具，让你轻松在文件上快速建立各式各样的表格，如课程表、通讯录、生活计划表等等。

在这一课中，我们将带领你设计出个性化风格的课程表，来体验表格绘制的技巧与乐趣。

一 课程表版面设置

1 启动Word软件，接着单击“空白文档”，建立一个新文件，然后进行文件保存（文件名自定义）。

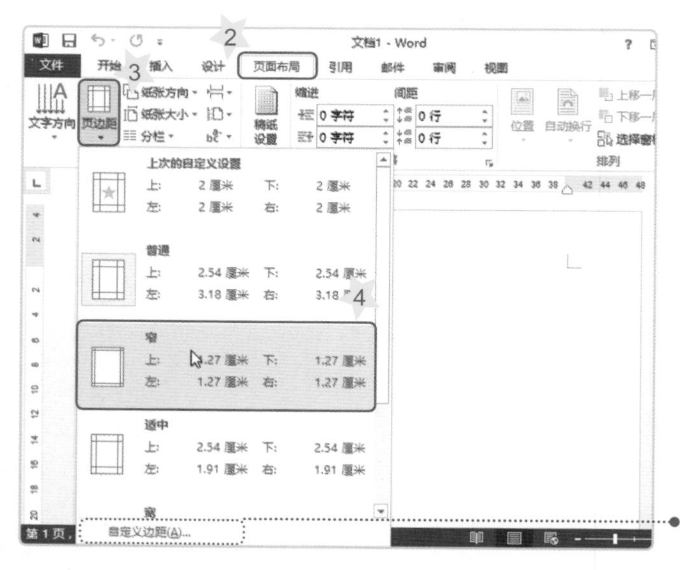

2 单击“页面布局”功能选项卡。

3 单击“页边距”按钮展开列表。

4 选择“窄”的边距设置值。

也可以选择“自定义边距”或采用第42页的设置方法喔！

二　插入表格

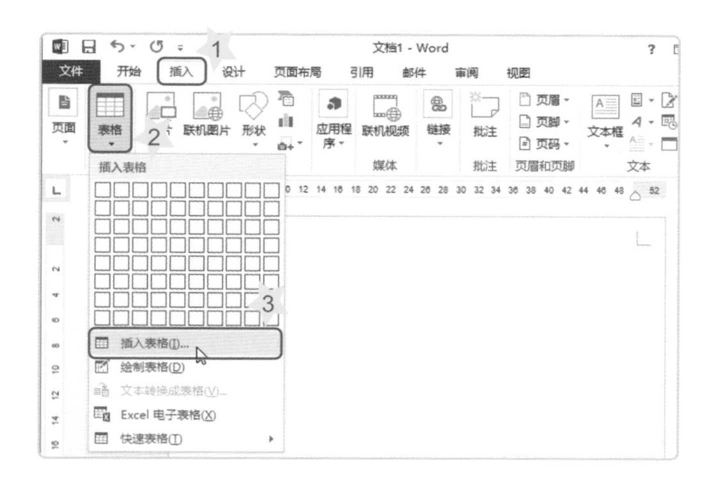

1. 单击“插入”功能选项卡。
2. 单击“表格”按钮。
3. 选择“插入表格”选项。

4. 指定表格大小为“列数：6，行数：10”。
5. 单击“确定”按钮。

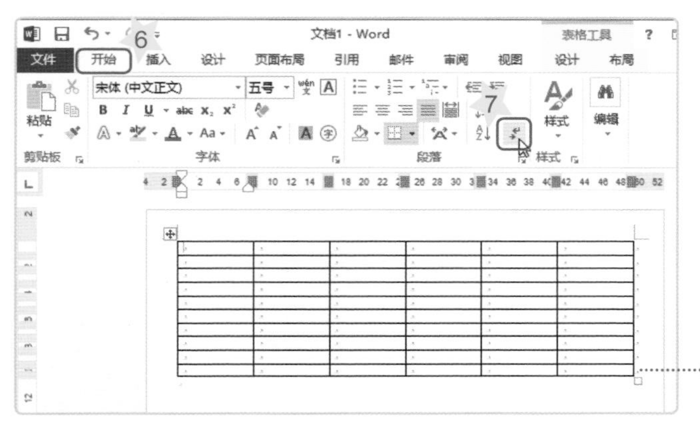

6. 单击“开始”功能选项卡。
7. 单击“显示/隐藏编辑标记”按钮，以隐藏段落标记。

无法隐藏“段落标记”时，请参阅第19页升级箱说明。

三 绘制/清除表格

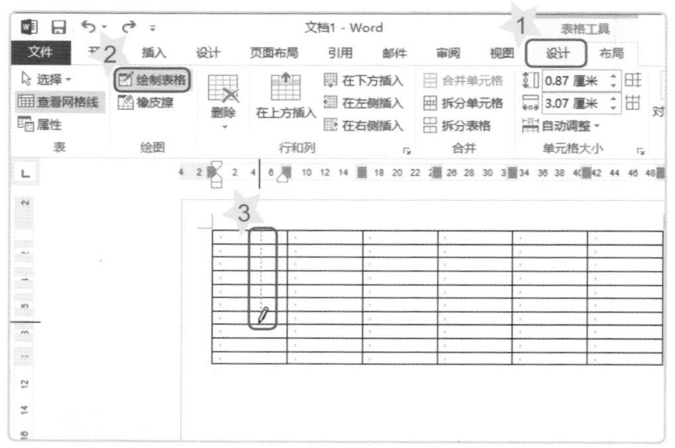

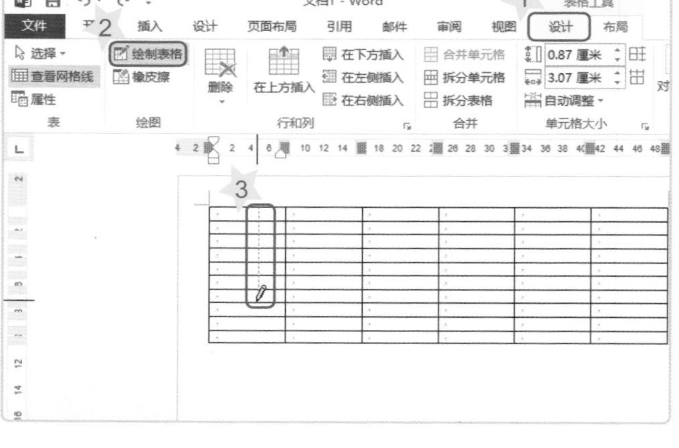

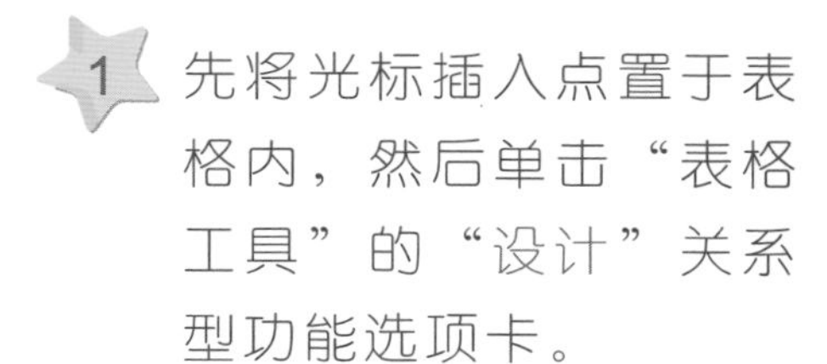

1 先将光标插入点置于表格内，然后单击“表格工具”的“设计”关系型功能选项卡。

2 单击“绘制表格”按钮。

3 将鼠标移至文件上，当光标呈 ✎ 状时，以拖曳方式绘制表格边框线。

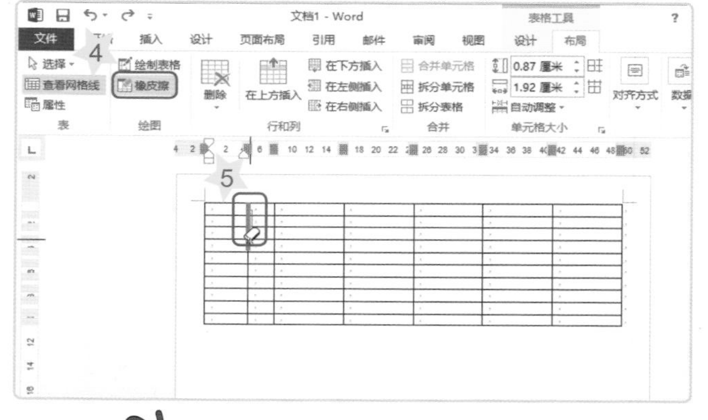

4 单击“橡皮擦”按钮。

5 拖曳光标清除边框线。

1. 使用“绘制表格”按钮和“橡皮擦”按钮后，记得再按一次工具按钮，结束绘制或清除的状态，才可以继续输入表格文字喔！
2. 使用“绘制表格”时，可以先指定边框样式、粗细和颜色，然后再拖曳鼠标进行绘制。

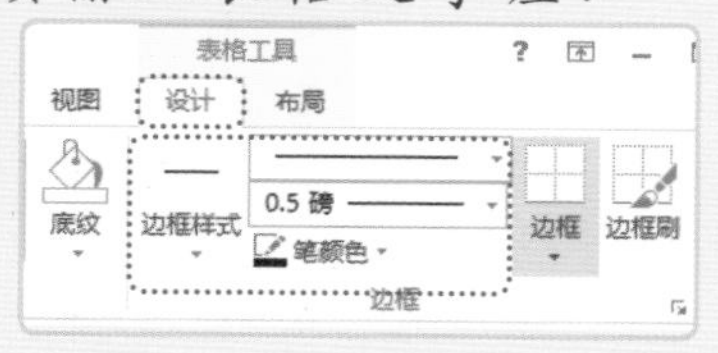

4-2 编辑课程表表格

在这一节中，将使用表格的工具按扭命令，以及用手动方式来调整样式，以完成课程表的版面外观。

一　调整行高与列宽

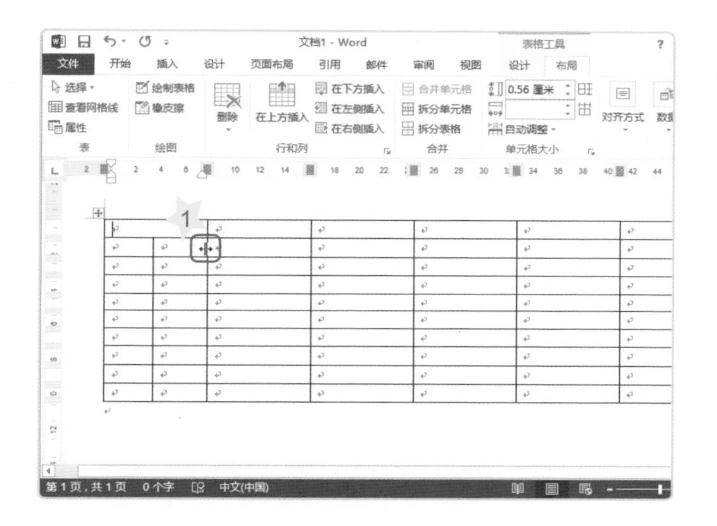

1 将光标移至第2栏的右边框线上，光标呈+||+状时向右拖曳边框线，以增加第2栏的宽度。

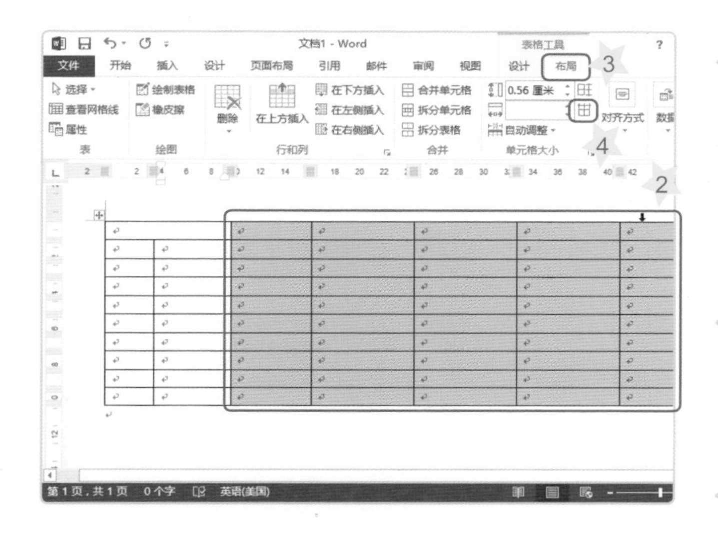

2 将光标移至第2栏的上边框线上方，光标呈⬇状时按住左键并向右拖曳，以选中第3～8栏。

3 单击“表格工具”的“布局”关系型功能选项卡。

4 单击“分布列”按钮。

二 输入特殊符号

1 从第2行第3列单元格开始依次输入“星期一……”等标题文字。

2 在第3行第2列单元格输入“8：00”，然后按下Enter键。

3 单击“插入”功能选项卡。

4 单击“符号”按钮。

5 选择“其他符号”选项。

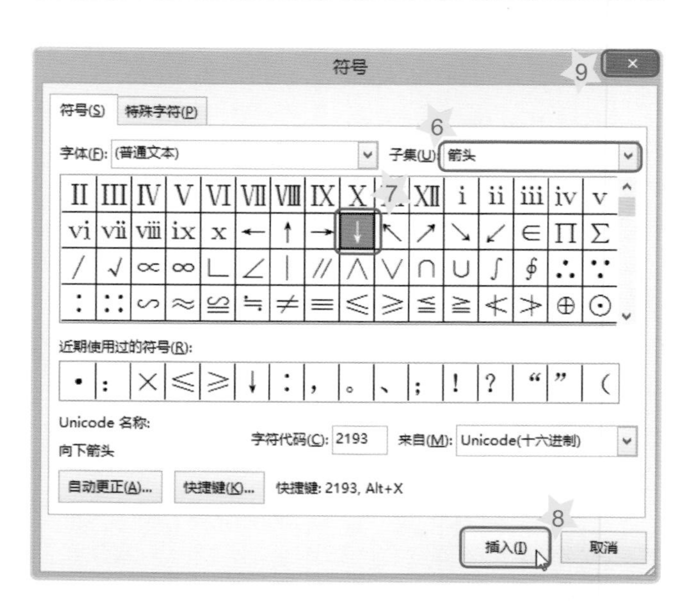

6 单击“箭头”子集下拉列表。

7 选择“↓”符号。

8 单击“插入”按钮。

9 单击“关闭”按钮，关闭符号窗口。（可以连续插入多个符号，再关闭窗口喔！）

三 插入行/列

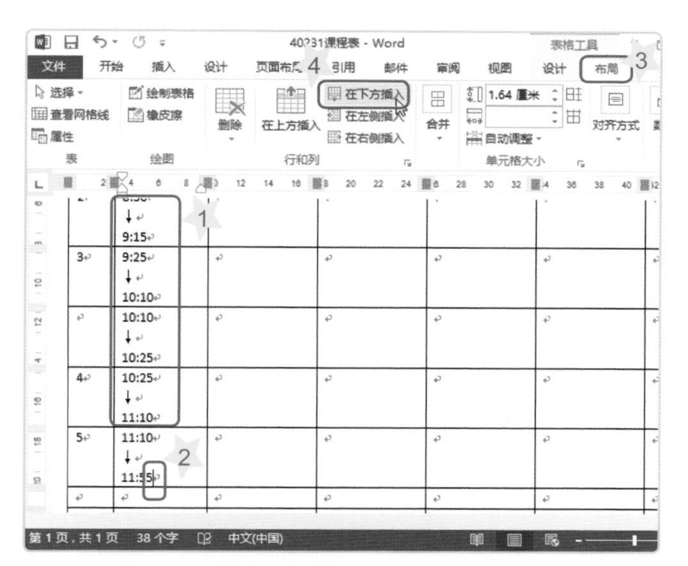

1. 用相同方法，输入其他节次时间表。
2. 将光标插入点置于最后一行的任意单元格内。
3. 单击“表格工具”的“布局”关系型功能选项卡。
4. 连续单击“在下方插入”按钮4次添加4行单元格。
5. 用相同方法，继续输入其他节次时间表。

魔法棒

在左侧插入或在右侧插入的方法和上面的操作方法相同，自己练习操作！

四 删除行/列

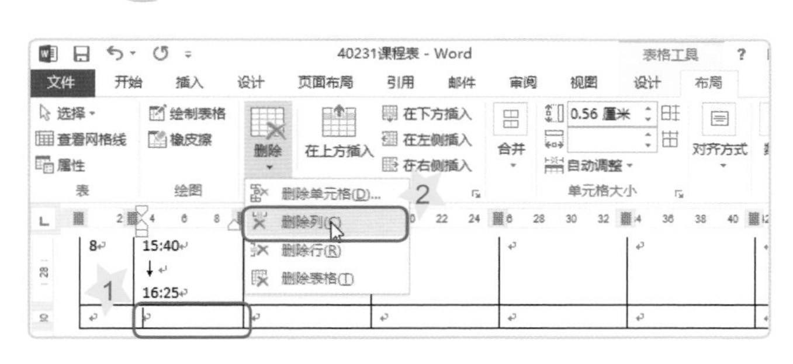

1. 将光标插入点置于要删除列的任意单元格内。
2. 单击“删除→删除列”命令。

五 取消网格线对齐设置

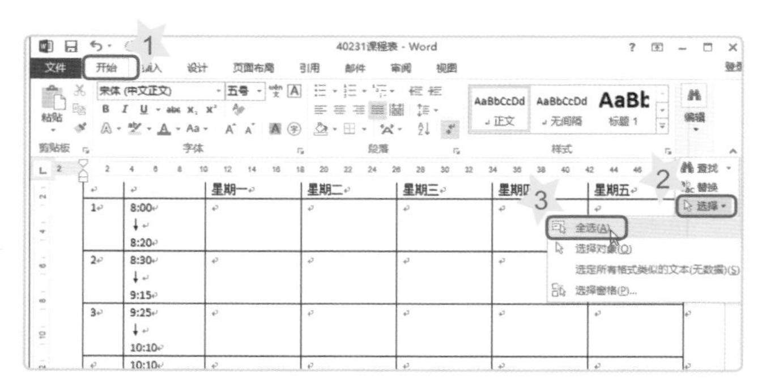

1 单击“开始”功能选项卡。

2 单击“选择”按钮。

3 选择“全选”选项。

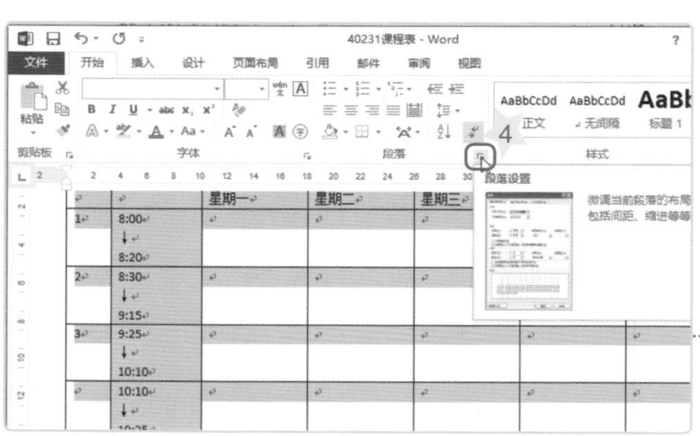

4 单击 按钮显示“段落”对话框。

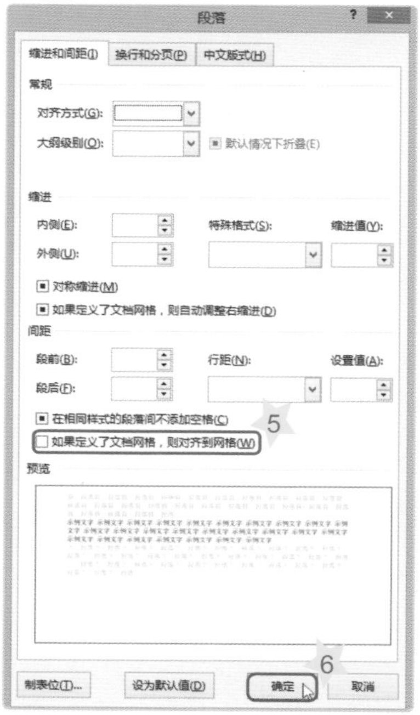

全选状态

5 取消选择“如果定义了文档网格，则对齐到网格”选项。

6 单击“确定”按钮。

魔法棒

取消“如果定义了文档网格，则对齐到网格”的选项，可以让你精准地在“段落”对话框中设置段落间距与行距。

六　合并单元格

1. 以拖曳方式选中第1行单元格。
2. 单击“表格工具”的“布局”关系型功能选项卡。
3. 单击“合并单元格”命令。

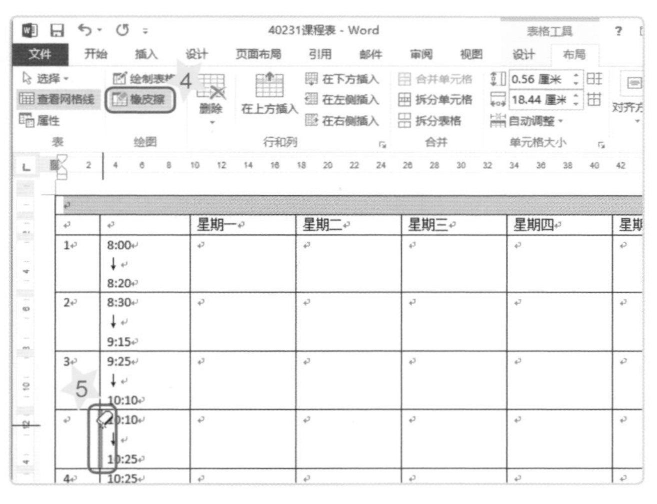

4. 也可以使用“橡皮擦”的方式进行合并。单击“橡皮擦”按钮。
5. 单击要清除的边框线，以合并相邻的单元格。

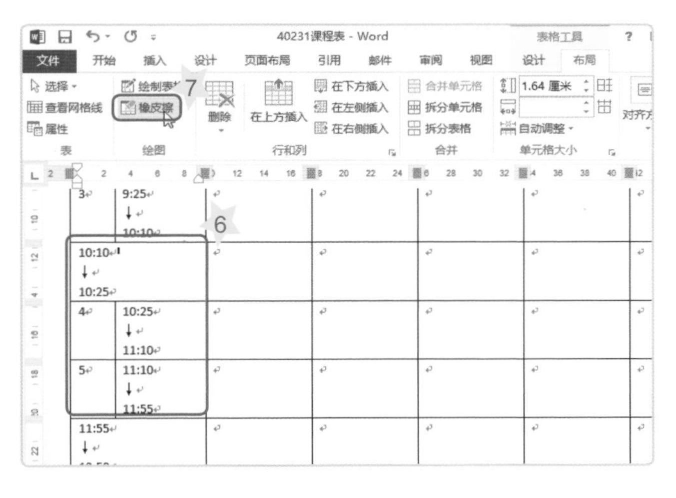

6. 用相同的方法合并其他单元格。
7. 单击“橡皮擦”按钮，结束清除边框线的状态。

七 绘制单元格对角线

1 单击“绘制表格”按钮。

2 在“空白”的单元格上，拖曳 绘制单元格对角线。

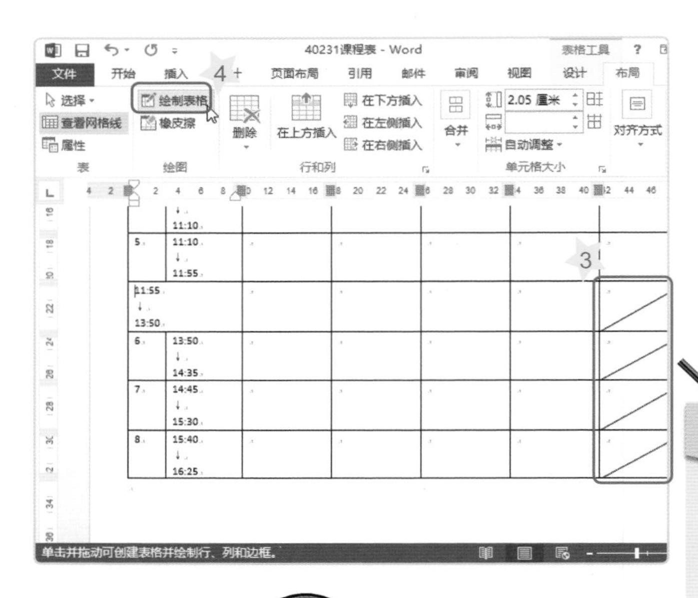

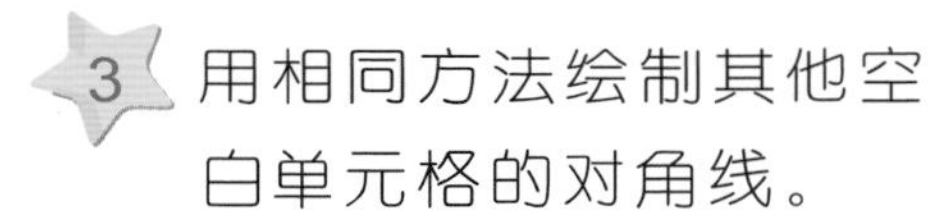

3 用相同方法绘制其他空白单元格的对角线。

4 单击 绘制表格 按钮，结束绘制表格的状态。

魔法棒

使用 绘制表格 工具绘制表格后，记得再单击 绘制表格 退出绘制模式，才可以继续编辑表格内的文字！

4-3 编辑课程表内容

在这一节中，将输入课程表的科目文字，并设置文字的字体与段落样式，然后美化表格的版面。

一　输入科目名称

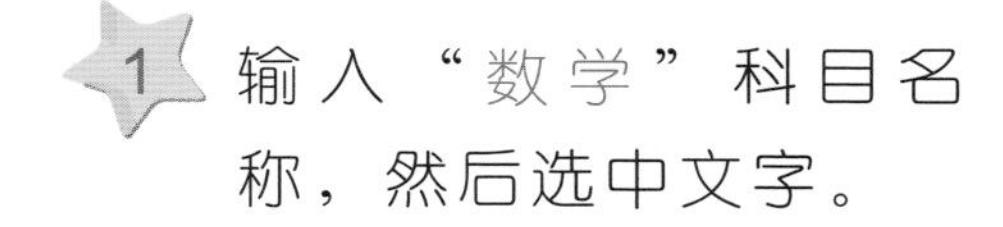

1 输入“数学”科目名称，然后选中文字。

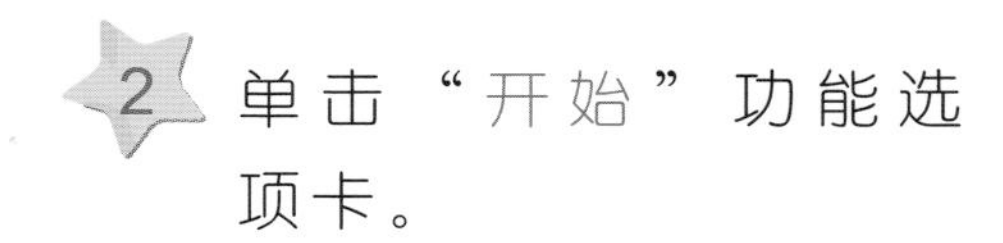

2 单击“开始”功能选项卡。

3 单击“复制”按钮。

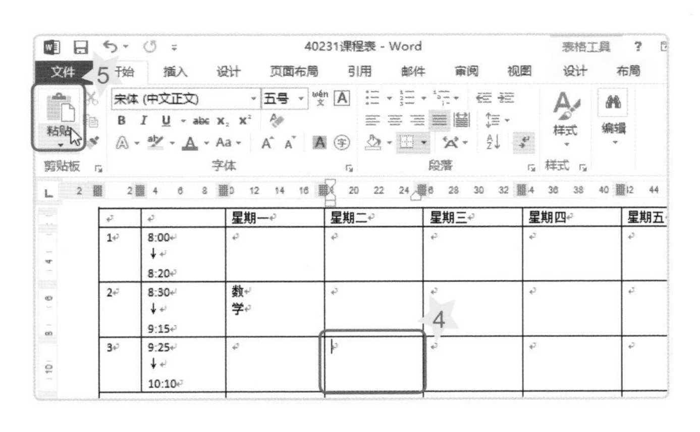

4 将光标插入点置于要粘贴科目名称的单元格内。

5 单击“粘贴”按钮。

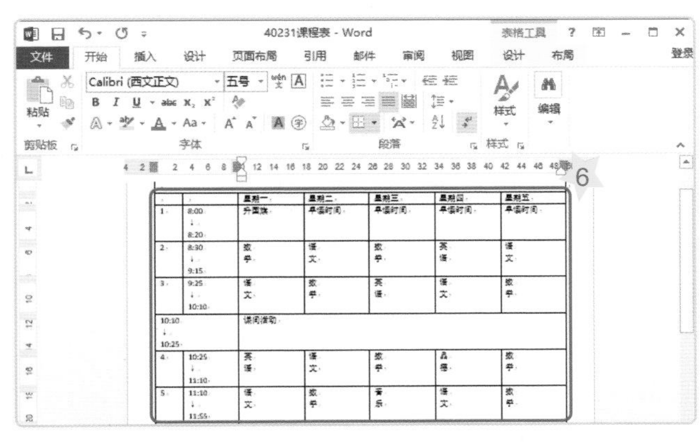

6 用“复制/粘贴”的方法，完成其他科目名称的输入。

二 设置字体样式

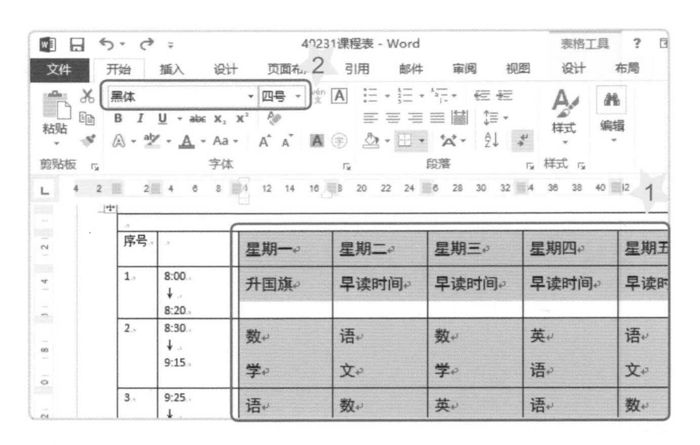

1 用拖曳方式选择要设置的单元格。

2 选择“黑体”字体及字号为“四号”（也可选择你喜欢的字体、字号）。

三 分散对齐

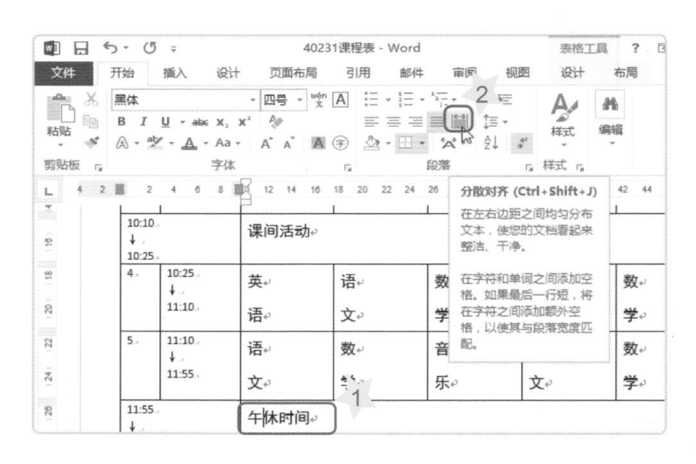

1 将光标插入点置于单元格内。

2 单击“分散对齐”按钮，可以分散单元格内的文字。

3 选中“课间活动”文字范围。

4 单击“分散对齐”按钮。

分散单元格文字

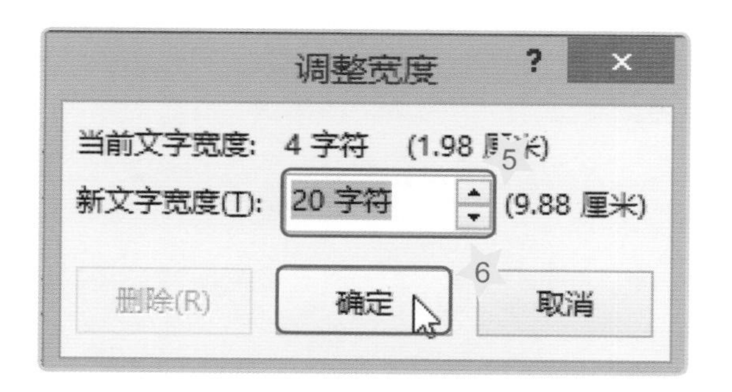

5 单击“20字符”宽度。

6 单击“确定”按钮。

四 居中对齐

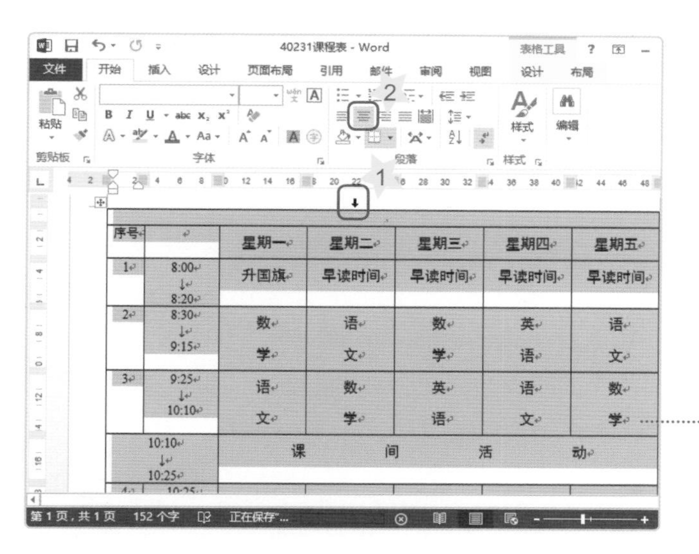

1 将光标移至表格的上边框线，光标呈⬇状时，拖动选中全部单元格。

2 单击 “居中” 按钮，将文字居中在单元格中。

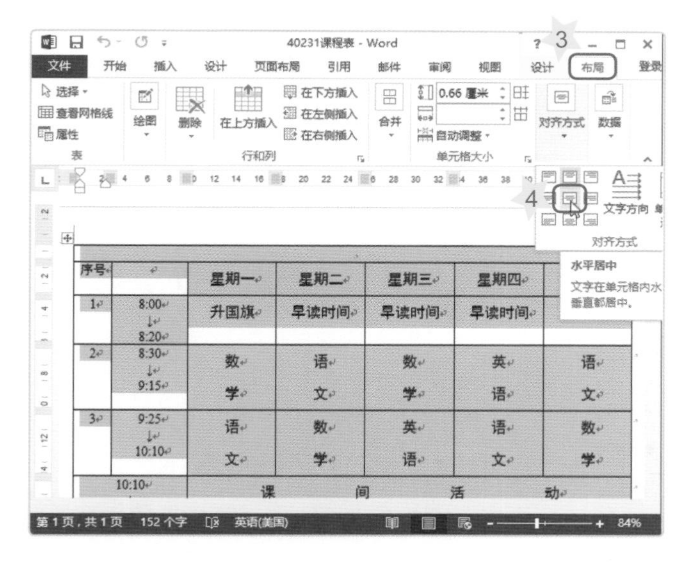

3 单击“表格工具”的“布局”关系型功能选项卡。

4 单击 “水平居中”按钮，对齐数据在单元格内水平及垂直方向的位置。

五 设置边框线样式

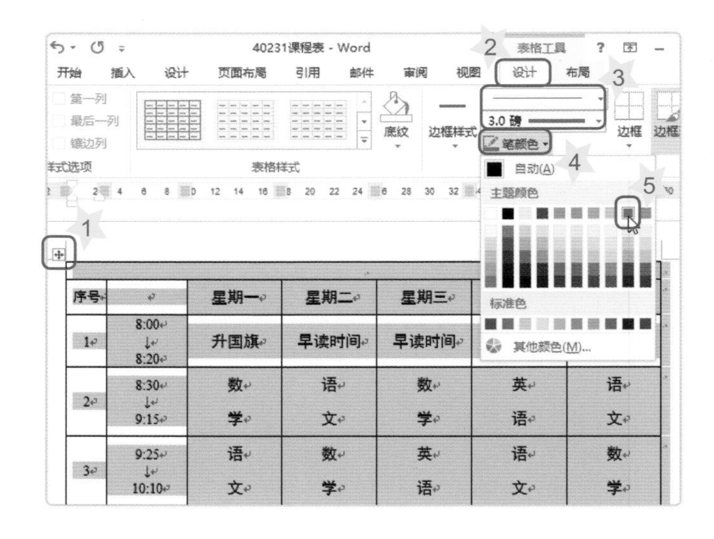

1 单击⊞按钮选中整个表格。

2 单击“表格工具”的“设计”关系型功能选项卡。

3 指定线条样式与粗细。

4 单击 笔颜色 按钮。

5 选择一种颜色方块。

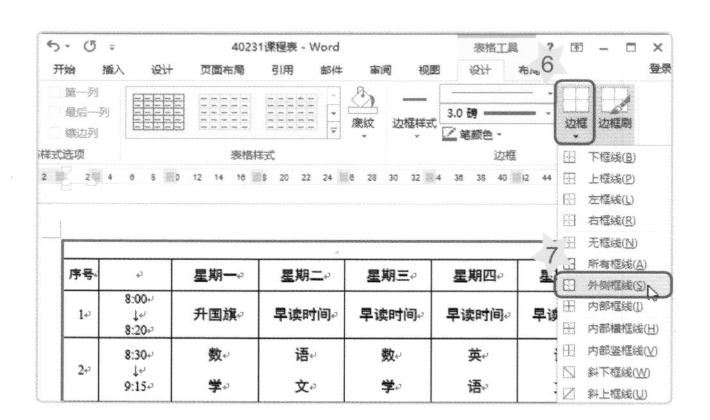

6 单击 边框 按钮打开边框线列表。

7 选择“外侧框线”选项。

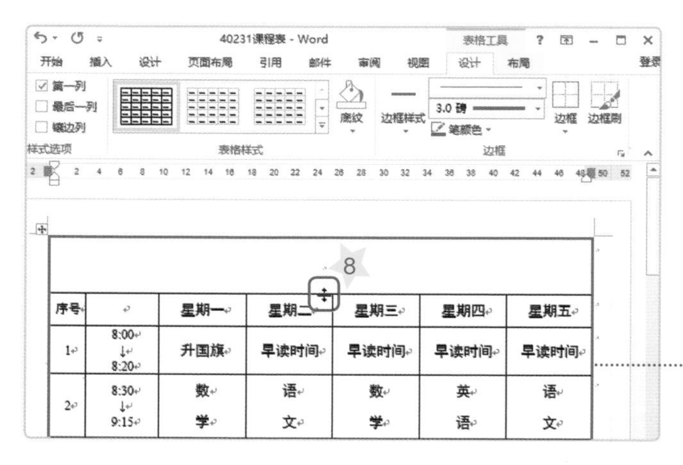

8 向下拖曳第1行的下边框线调整行高。

设置后的外边框线

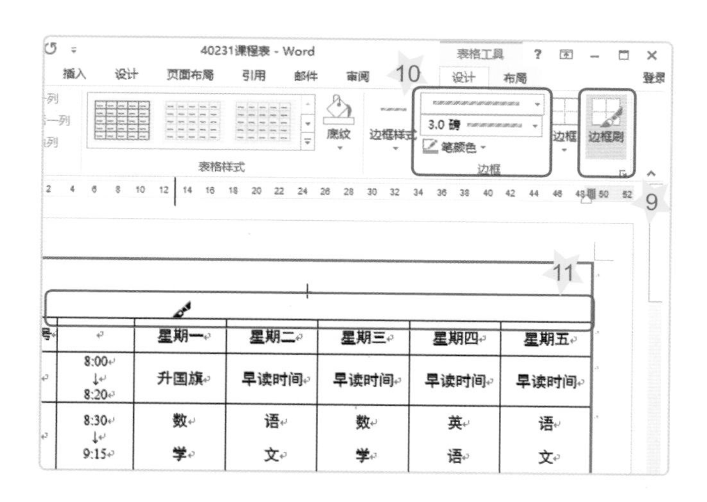

9 单击“边框刷”按钮。

10 指定边框线样式、粗细与颜色。

11 以拖曳方式复制边框线格式。

六　填充单元格底纹颜色

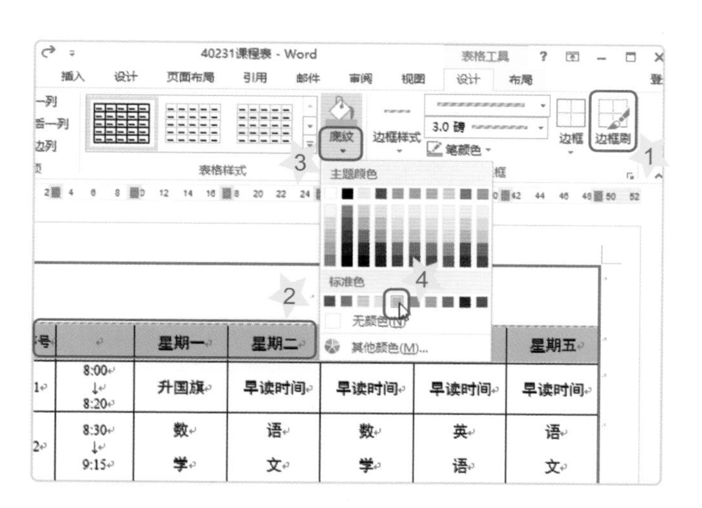

1 单击“边框刷”按钮，以取消选择状态。

2 选择第2行单元格。

3 单击 底纹 按钮打开颜色方块列表。

4 选择一种颜色方块。

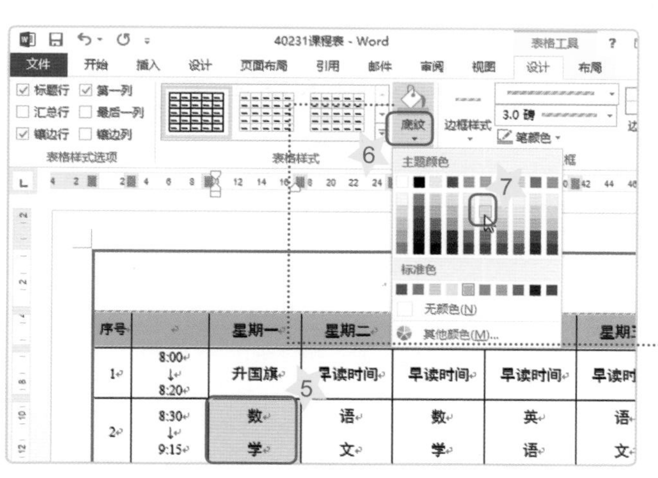

5 将光标置于“数学”单元格内。

6 单击 底纹 按钮打开颜色方块列表。

7 选择一种颜色方块。

直接单击 按钮可以立即填充最近选用的颜色，现在将不同科目的单元格填充不同的颜色喔！

4-4 艺术字

在这一节中，将利用“艺术字”来建立课程表的标题文字，然后再加入一些图片，来丰富课程表的页面信息。

一 插入艺术字

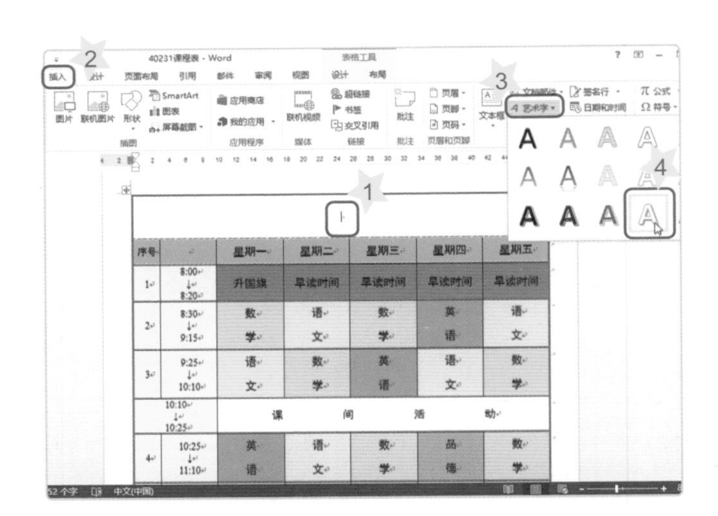

1. 将光标插入点置于第1行的单元格内。
2. 单击“插入”功能选项卡。
3. 单击 艺术字 按钮。
4. 选择一种样式。
5. 输入“琦琦的课程表”标题文字。
6. 设置完成后，单击“开始”功能选项卡。

魔法棒

插入的艺术字对象，默认的图片排列方式是“浮于文字上方”，因此你可以随意拖曳移动位置。

二　设置艺术字

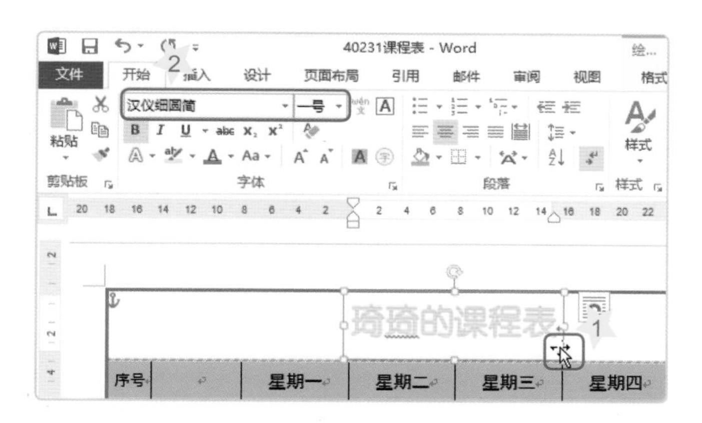

1. 光标移至边框线上，光标呈 状时，单击选择对象并以拖曳方式移动位置。
2. 选择一种字体样式及大小，并适时调整文字框大小。

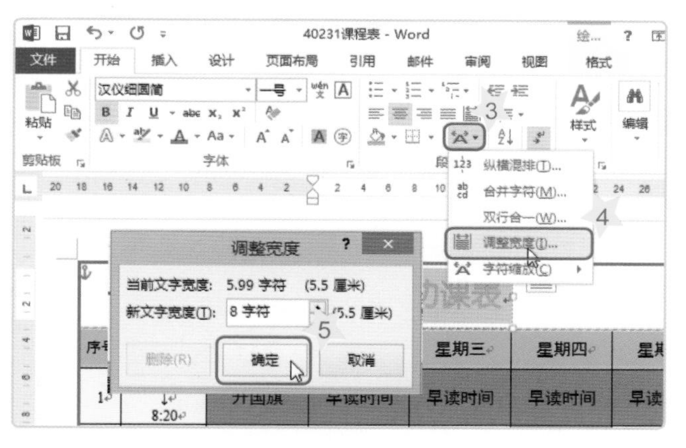

3. 单击 “中文版式”按钮。
4. 选择“调整宽度”选项。
5. 指定新文字宽度，然后单击“确定”按钮（可自定义）。

三　修改艺术字样式

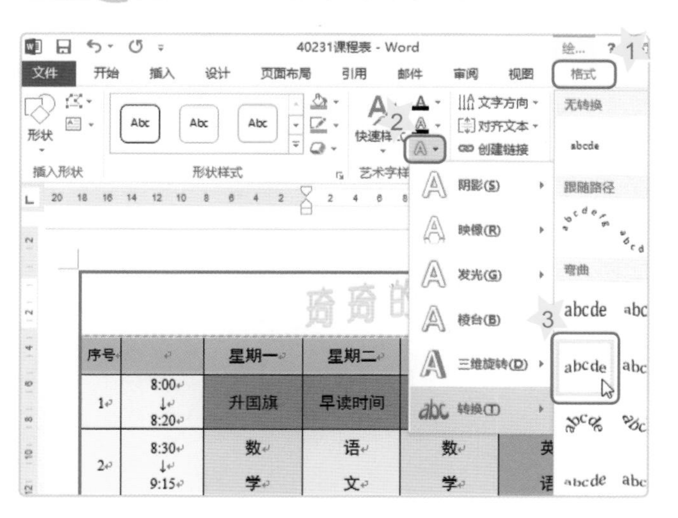

1. 单击“艺术字工具”的“格式”关系型功能选项卡。
2. 单击 “文字效果”按钮。
3. 光标移至“转换”选项，在弹出的列表中选择一种效果。

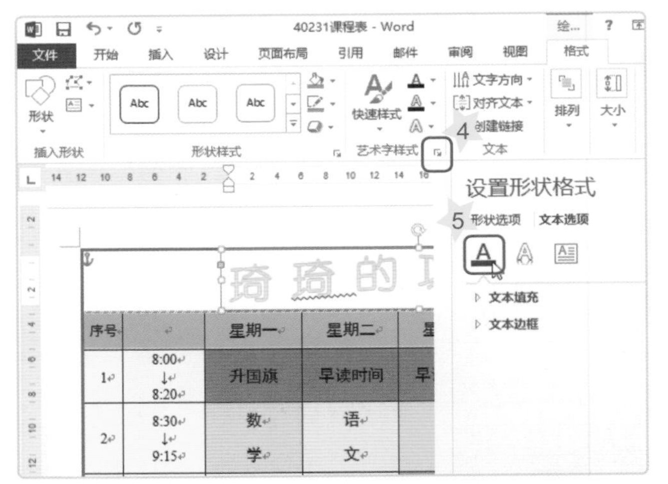

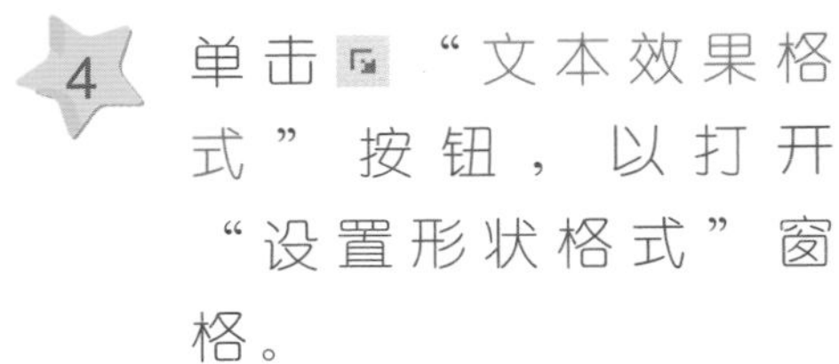

4 单击 “文本效果格式”按钮，以打开“设置形状格式”窗格。

5 单击 **A** “文本填充”按钮展开列表。

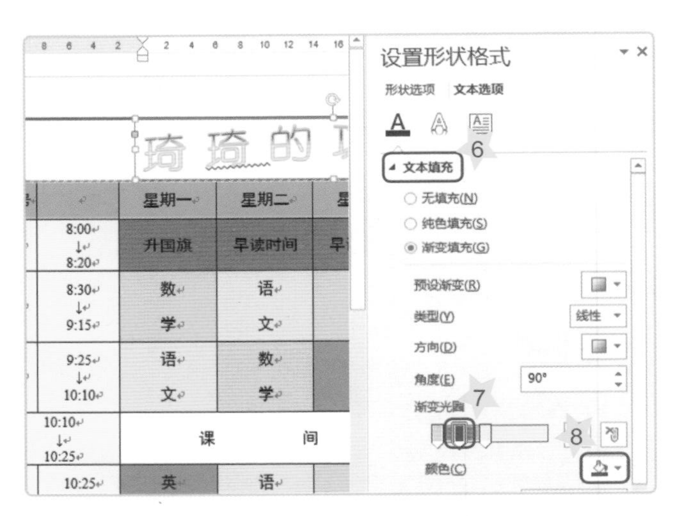

6 单击“文本填充”展开列表。

7 选择要修改颜色的停止点。

8 选择一种颜色。

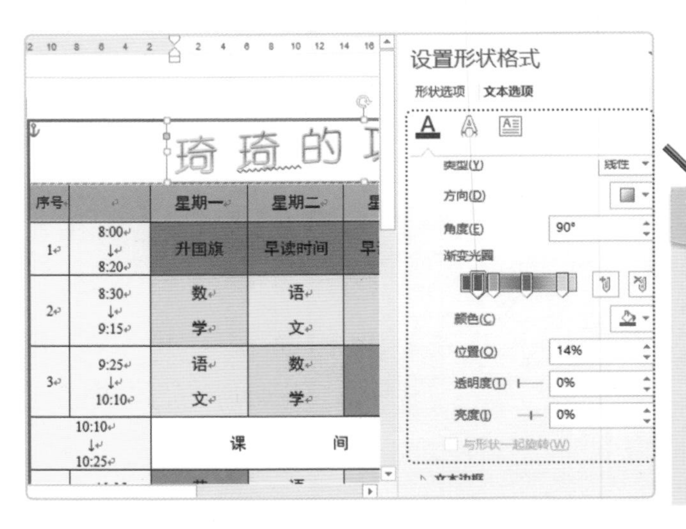

魔法棒

文字填充及外框的其他设置，请自己操作看看，不满意时，记得单击“恢复”按钮喔！

升级箱

文字效果的默认渐变颜色效果，你可以任意更改渐变填充的方向，以及自定义颜色与渐变停止点。

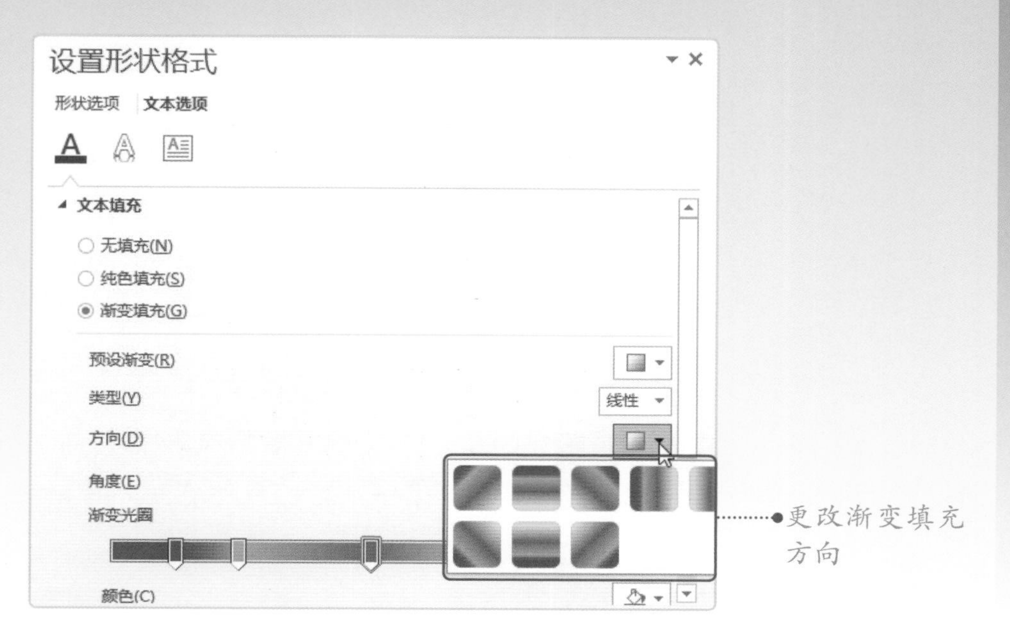

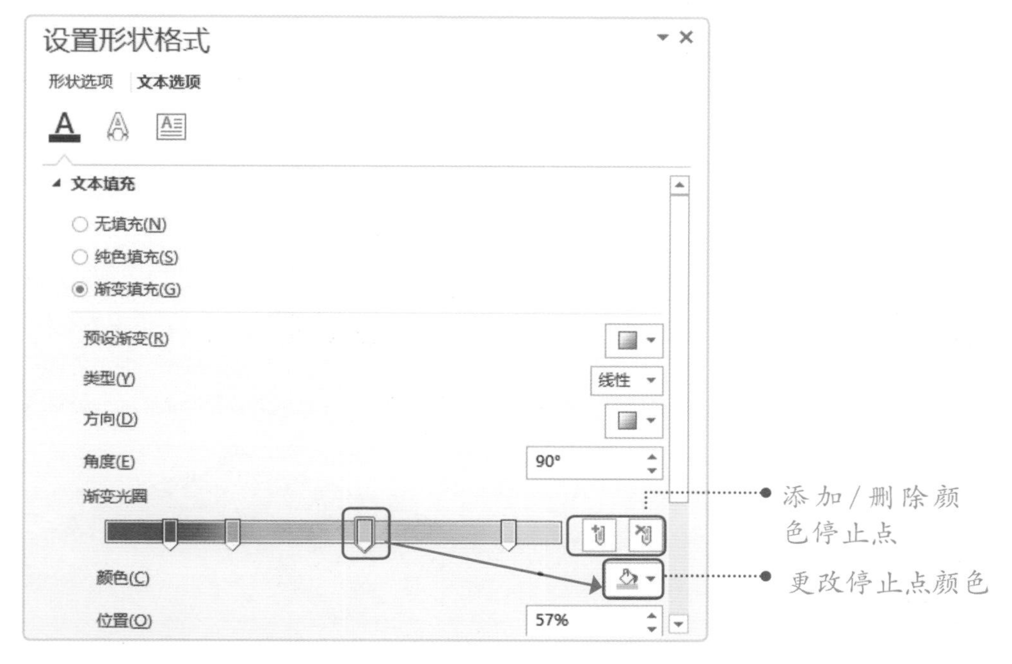

换你做做看

打开你在本课建立的课程表“40231课程表”，然后完成“星期与时间”的标题制作，并加入图片来美化课程表。

（提示：使用手绘表格绘制对角线及文字靠左、靠右对齐）

琦琦的课程表

序号	星期 / 时间	星期一	星期二	星期三	星期四	星期五
1	8:00 ↓ 8:20	升国旗	早读时间	早读时间	早读时间	早读时间
2	8:30 ↓ 9:15	数学	语文	数学	英语	语文
3	9:25 ↓ 10:10	语文	数学	英语	语文	数学
	10:10 ↓ 10:25	课间活动				
4	10:25 ↓ 11:10	英语	语文	数学	品德	数学
5	11:10 ↓ 11:55	语文	数学	音乐	语文	数学
	11:55 ↓ 13:50	午休时间				
6	13:50 ↓ 14:35	英语	语文	数学	品德	数学
7	14:45 ↓ 15:30	语文	数学		语文	
8	15:40 ↓ 16:25	数学	语文		英语	

能设置文字靠左与靠右等对齐方式

能利用手绘表格绘制对角线

能插入图片美化版面

能在单元格内建立文字内容

第5课 创意海报轻松做

学习目标

1. 能设置纸张与边距
2. 能绘制文档网格线
3. 能使用形状工具绘制图形
4. 能使用艺术字制作海报标题
5. 能插入文本框与外部图片文件

5-1 海报版面的布置

在这一课中，我们将利用Word中的绘图工具、艺术字、文本框等工具，制作一张宣传环保的创意海报，说明环保的重要性。

一 海报版面设置

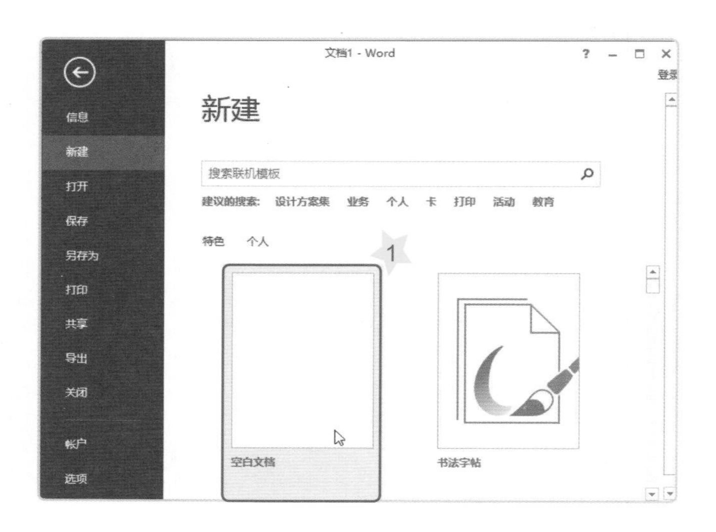

1 启动Word软件，然后单击“空白文档”。

2 单击“页面布局”功能选项卡。

3 单击“页边距”按钮。

4 选择“自定义边距”选项。

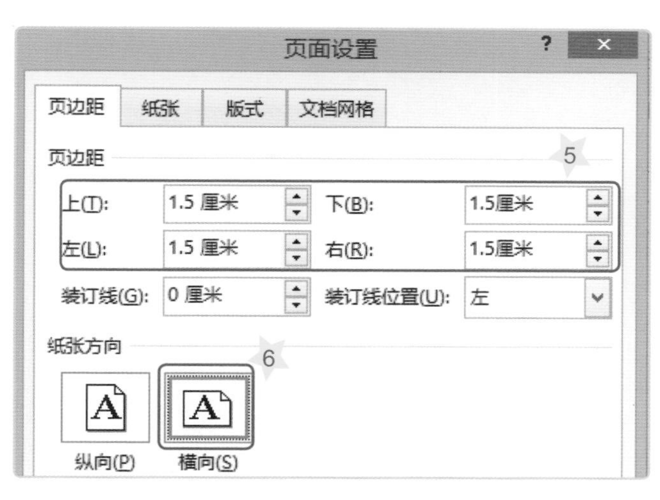

5 指定上、下、左、右的页边距皆为“1.5厘米”。

6 选择纸张方向为“横向”。

7 单击“纸张”选项卡。

8 选择“A4”纸张大小。

二 绘制文档网格线

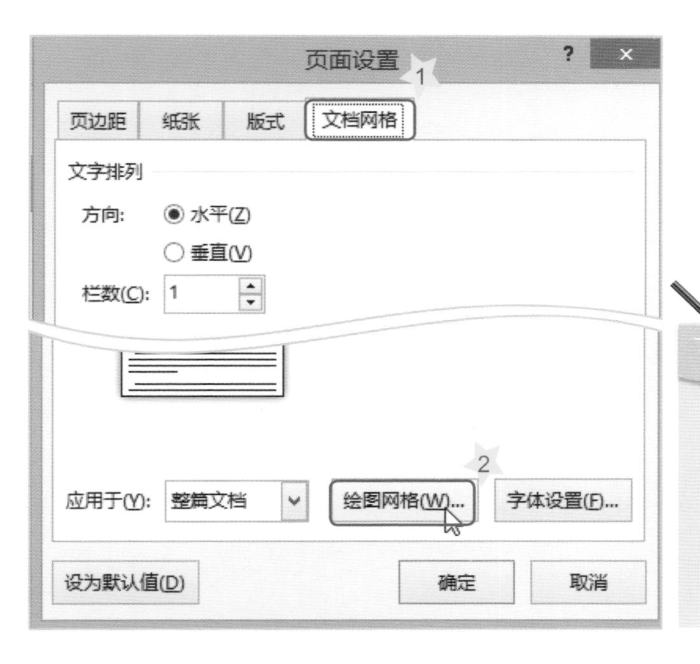

1 单击“文档网格”选项卡。

2 单击“绘图网格”按钮。

魔法棒

文件的“网格线”是用来对齐对象，它与表格的边框线是不相同的，它是不会被打印出来的。

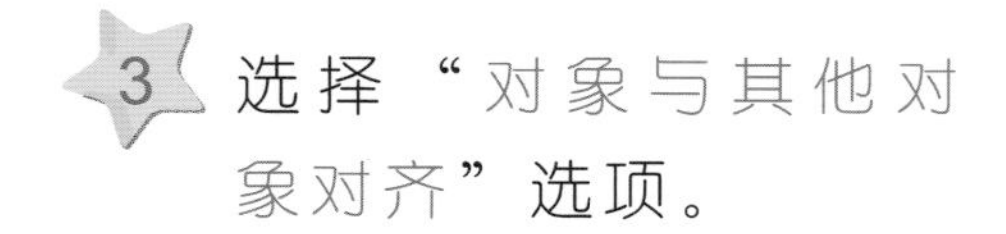

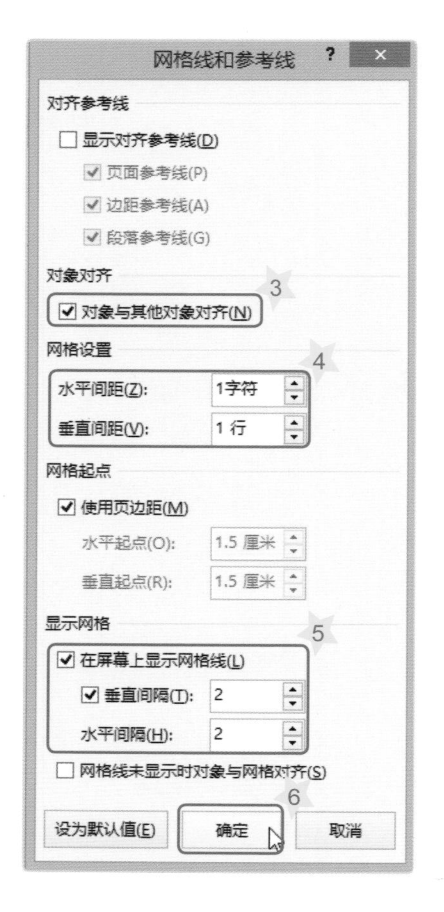

3 选择“对象与其他对象对齐”选项。

4 水平间距与垂直间距分别设置为“1字符”及“1行”。

5 选择“在屏幕上显示网格线”选项及“垂直间隔”选项并设置数值为 2。

6 单击“确定”按钮。

页面设置
页边距 纸张 版式 文档网格
文字排列
方向: 水平(Z) 垂直(V)
栏数(C): 1
网格
无网格(N) 指定行和字符网格(H)
只指定行网格(O)
应用于(Y): 整篇文档 绘图网格(W)... 字体设置(F)...
设为默认值(D) 确定 取消

7 设置完成后，单击“确定”按钮，关闭“页面设置”对话框。

三　保存文档

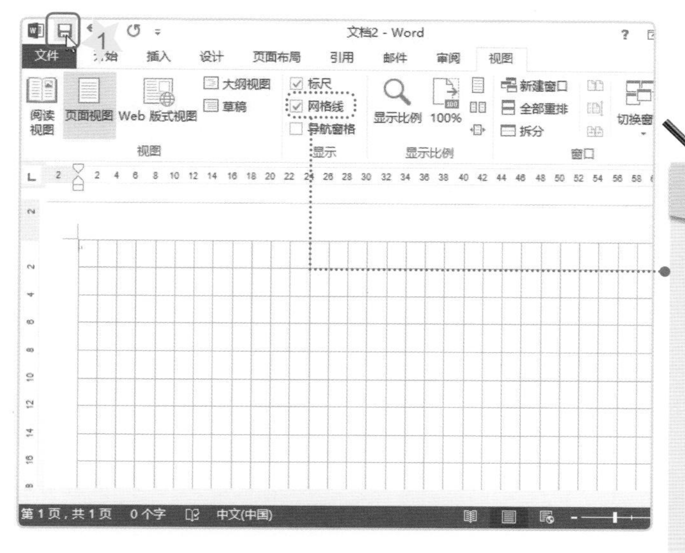

1 单击"保存"按钮。

魔法棒

这些网格线，打印预览或打印时是不会显示出来喔！如果要隐藏文件上的网格线，请取消选择"视图"功能选项卡内的"网格线"选项。

2 单击"浏览"按钮。

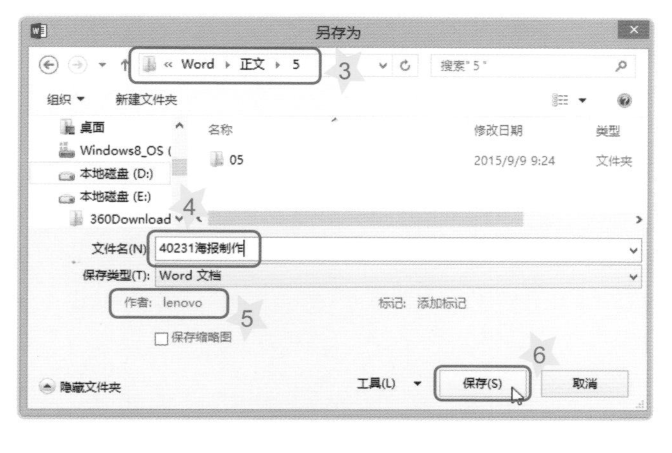

3 指定保存的文件夹位置。

4 输入"40231海报制作"或其他的文件名。

5 输入作者名称（或省略）。

6 单击"保存"按钮。

5-2 形状工具的使用

Word提供基本形状、箭头、方程式、流程图与线条等图案工具按钮，让你轻松绘制各种几何图形，来美化你的作品。

一 使用线条工具

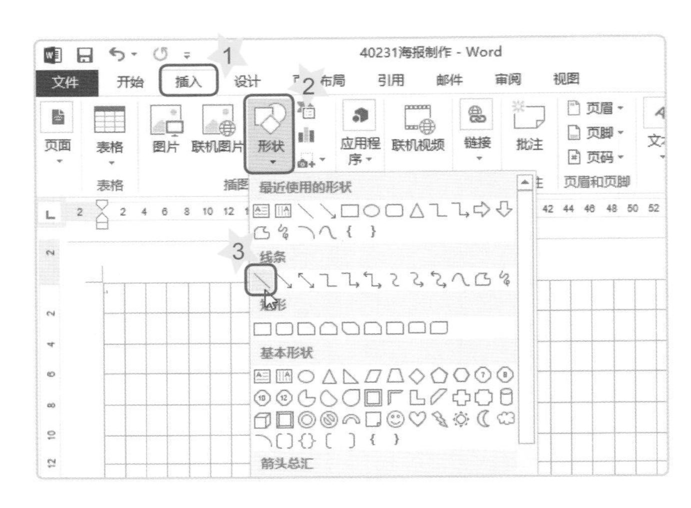

1 单击“插入”功能选项卡。

2 单击“形状”按钮。

3 选择＼“线条”选项。

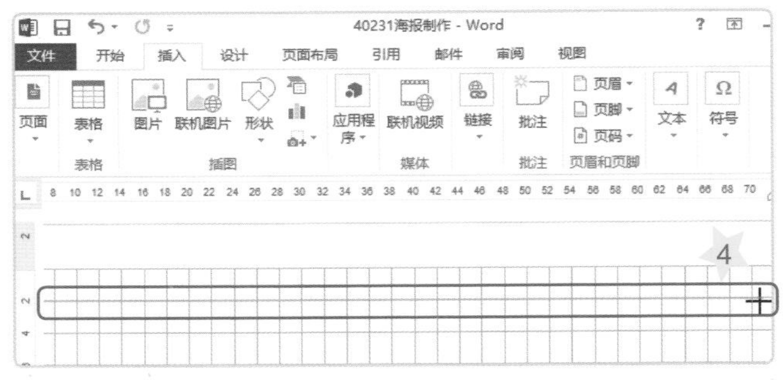

4 拖曳光标绘制一条水平线。

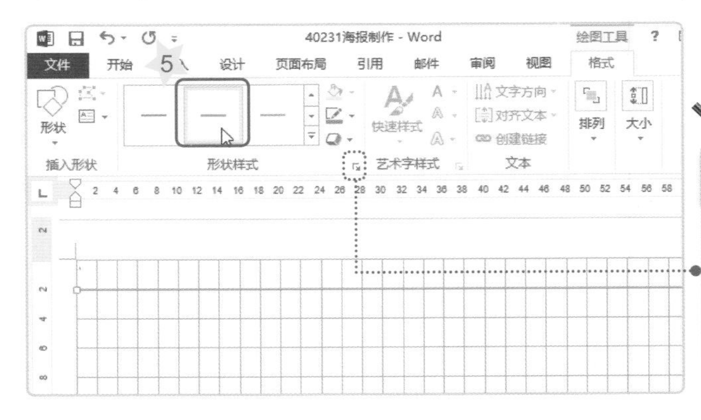

5 选择一种形状样式。

魔法棒

单击 “其他”按钮可以展开“图案样式”列表。

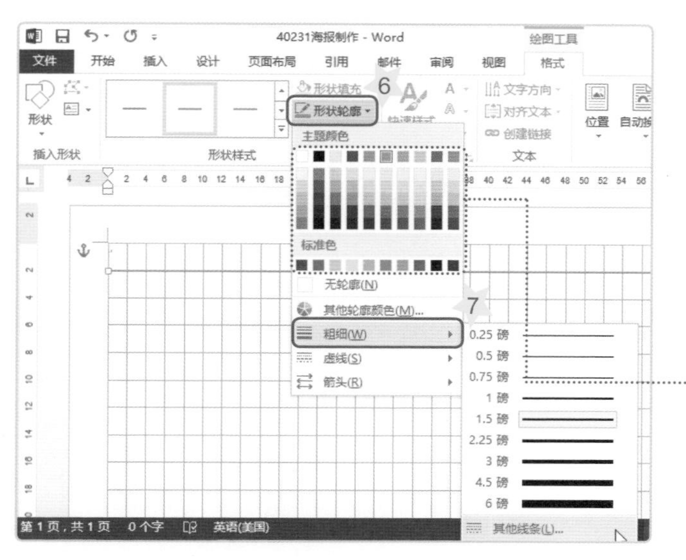

6 单击 形状轮廓 按钮，打开样式列表。

7 光标移至“粗细”选项，在弹出的列表中选择“其他线条”选项。

单击颜色方块可设置线条颜色

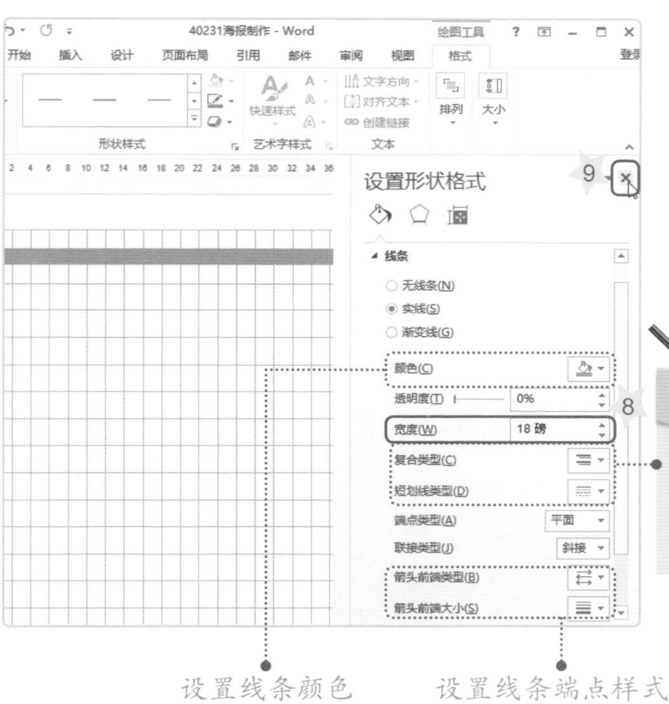

设置线条颜色　　设置线条端点样式

8 单击▲按钮指定线条宽度为“18磅”。

9 单击 × “关闭”按钮，关闭工作窗口。

魔法棒

单击“复合类型”与“短划线类型”可以设置线条样式。

二 复制线条对象

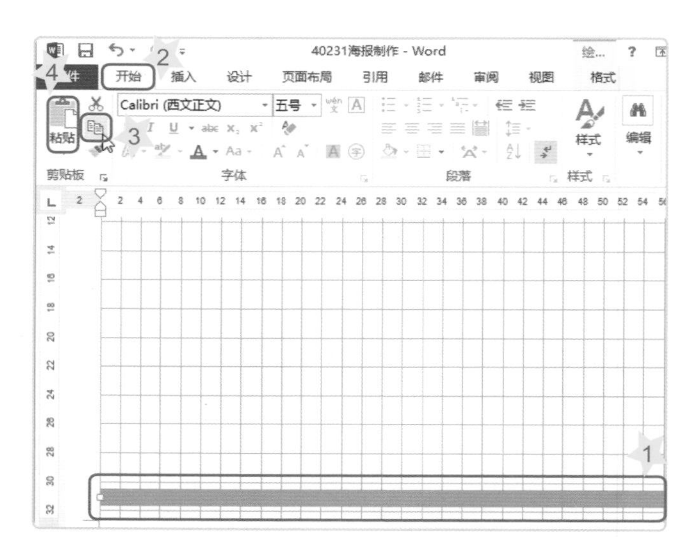

1 拖曳线条对象至文件下方。

2 单击“开始”功能选项卡。

3 单击 “复制”按钮。

4 单击 “粘贴”按钮。

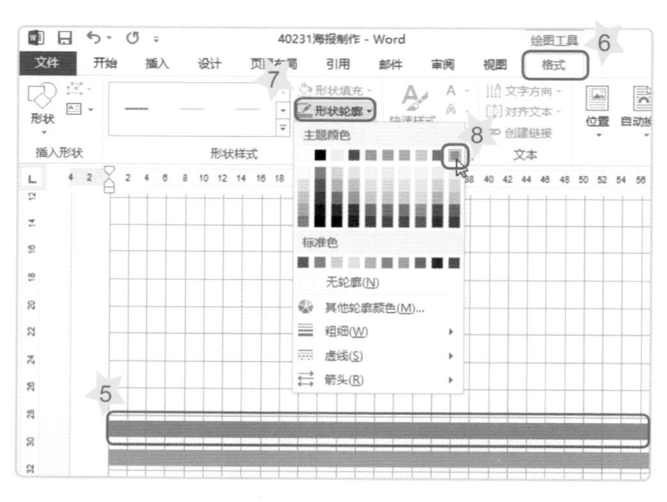

5 拖曳并排列复制线条的位置。

6 单击“绘图工具”的“格式”关系型功能选项卡。

7 单击 形状轮廓 按钮，打开样式列表。

8 选择一种颜色方块。

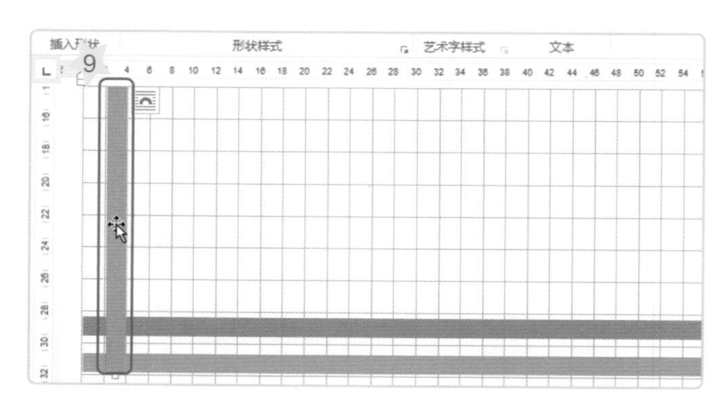

9 用相同方法绘制一条垂直线（颜色自定义）。

三 绘制多边形

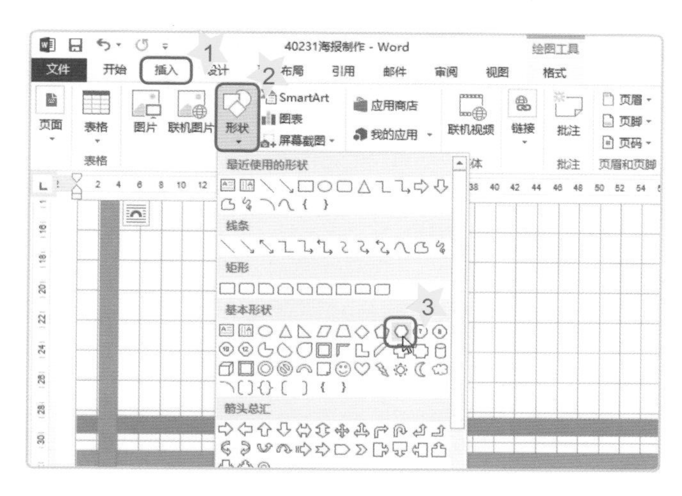

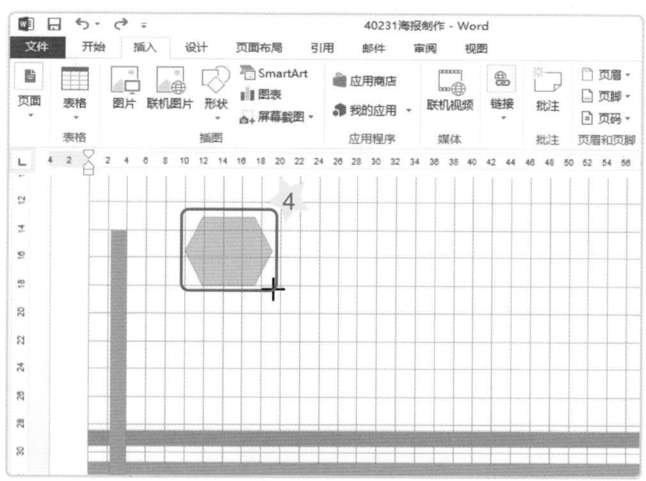

1 单击“插入”功能选项卡。

2 单击“形状”按钮。

3 选择⬡“六边形”选项。

4 先按住键盘上的 Shift 键，然后拖曳光标绘制出一个正六边形。

魔法棒

绘制几何图形时，先按住 Shift 键，再拖曳光标绘制图形，可以绘制正多边形或圆形。

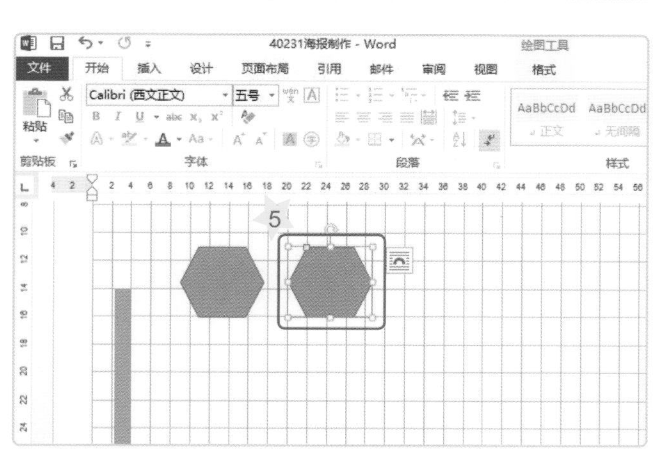

5 以“复制”与“粘贴”的方式添加一个图形对象。

四 编辑图案样式

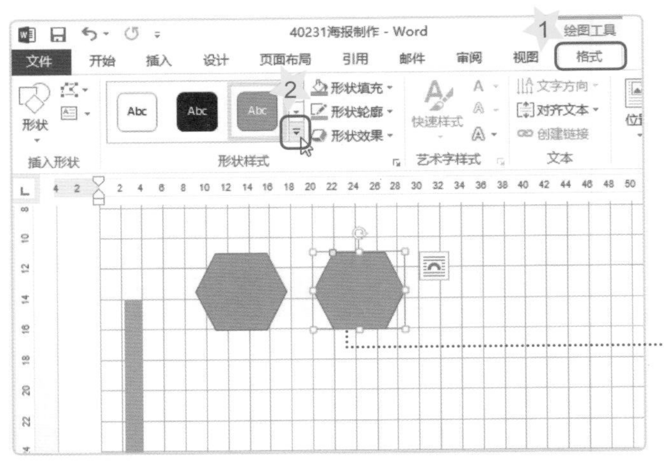

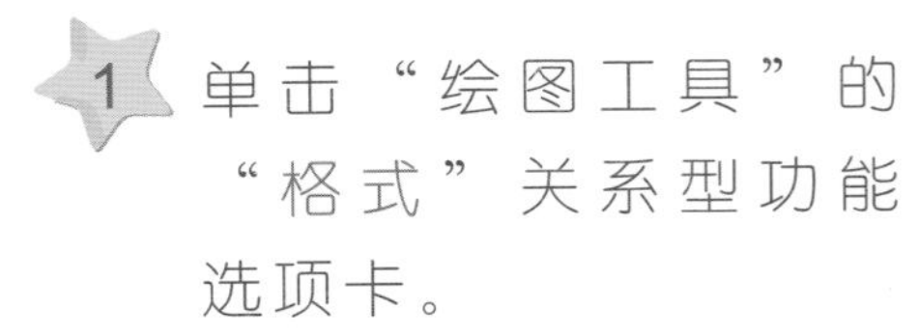

1 单击“绘图工具”的“格式”关系型功能选项卡。

2 单击“其他”按钮打开图案样式列表。

先选取对象才会显示“格式”关系型功能选项卡

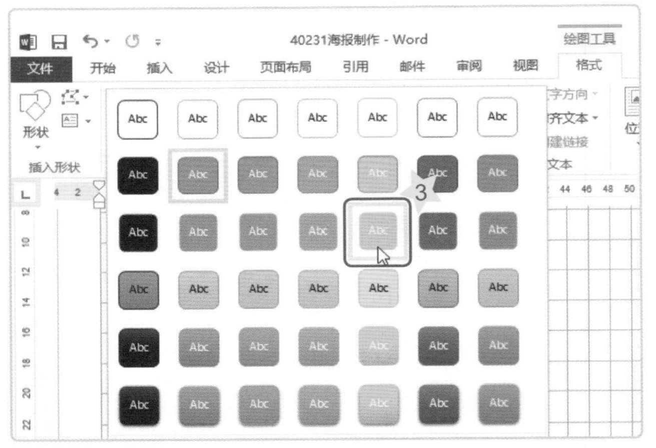

3 选择一种图案样式。

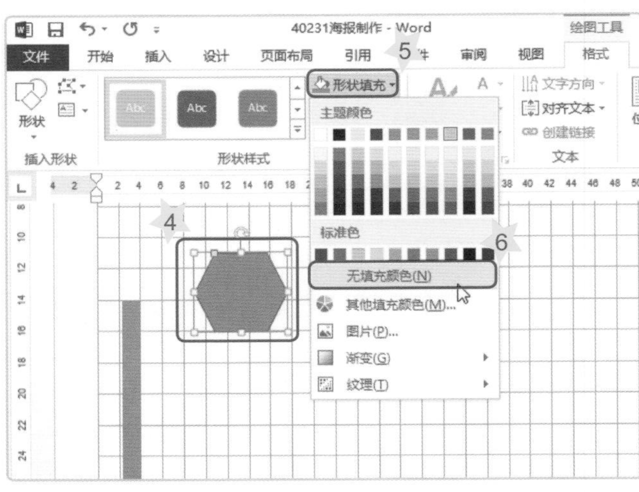

4 选中要设置“无填充颜色”的对象。

5 单击形状填充按钮，打开颜色列表。

6 选择“无填充颜色”选项。

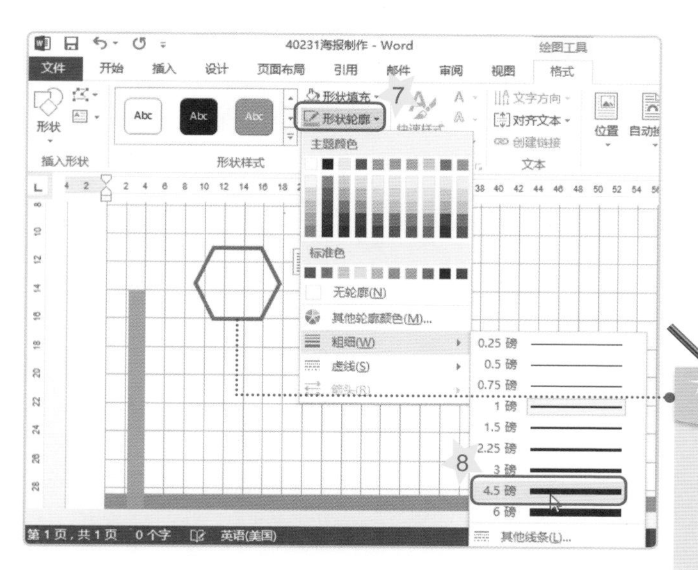

7 单击 形状轮廓 按钮，打开样式列表。

8 光标移至“粗细”选项，在弹出的列表中选择“4.5磅”。

魔法棒

取消图案的“填充颜色”，然后指定边框线颜色，就可以绘制空心的图形喔！

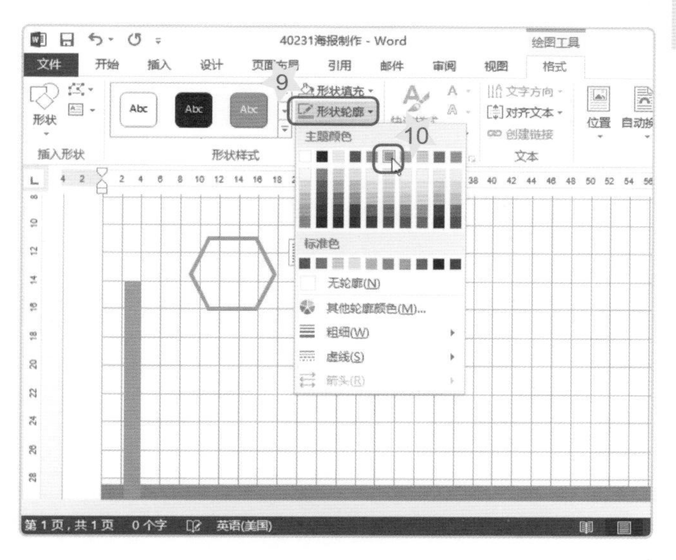

9 单击 形状轮廓 按钮，打开样式列表。

10 选择一种颜色方块。

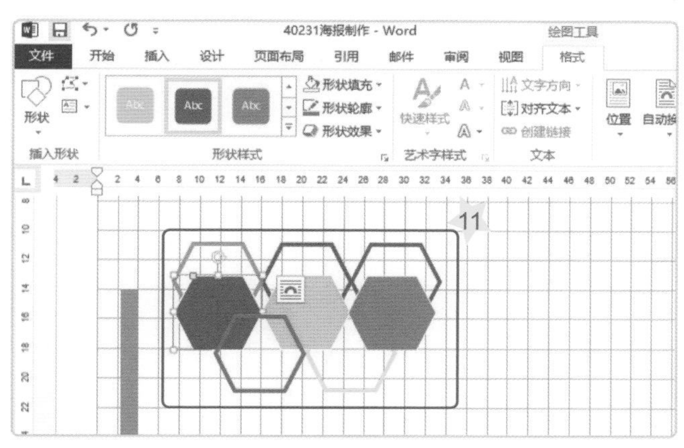

11 尝试用“复制/粘贴”的方式绘制多个图形（颜色自定义喔）。

五 将对象重新排列组合

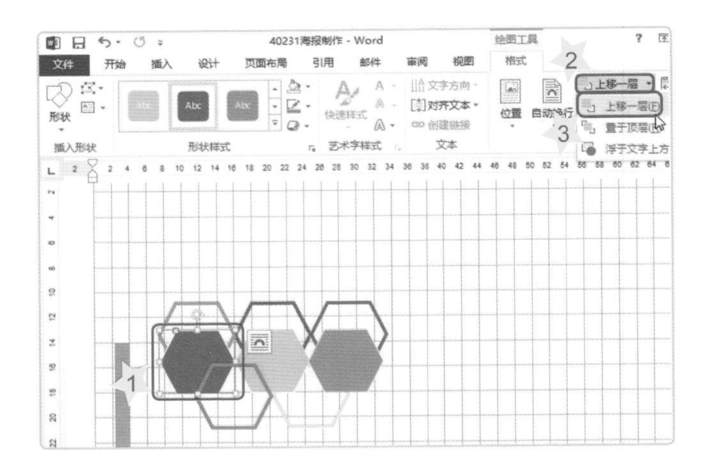

1 选择要调整顺序的对象。

2 单击 上移一层 ▾ 按钮的 ▾ 按钮。

3 选择“上移一层”选项。

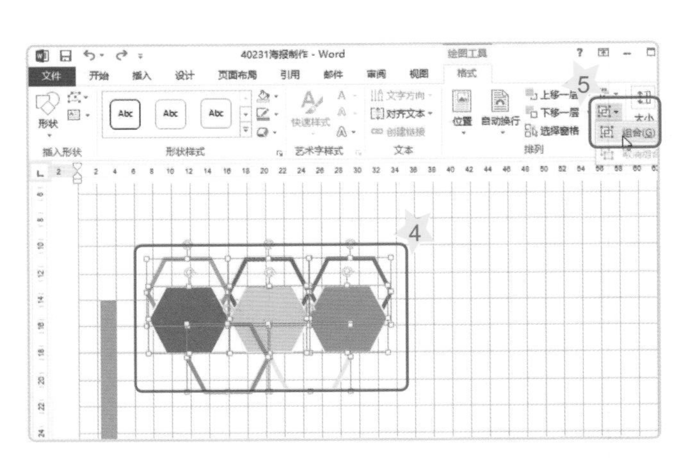

4 先按住 Shift 键，再选择对象，可以同时选中多个对象。

5 单击 ▾ “组合”按钮，再选择“组合”选项。

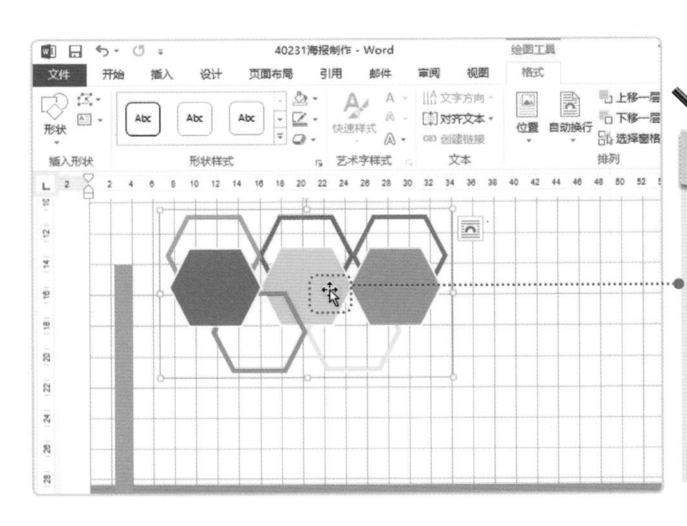

魔法棒

对象编组后，可以用拖曳方式快速移动多个对象的位置，也可以拖曳群组的控制点，同时调整多个对象的大小。

5-3 制作海报主题文字

Word的“艺术字”提供多种样式的图案，让你轻松建立标题文字。现在就用“艺术字”来建立海报标题啰！

一　插入艺术字

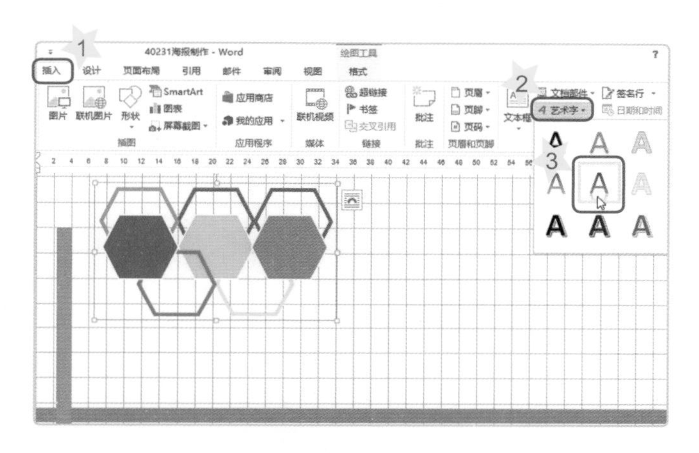

1 单击“插入”功能选项卡。

2 单击 艺术字 按钮。

3 选择一种文字样式（可自定义喔！）。

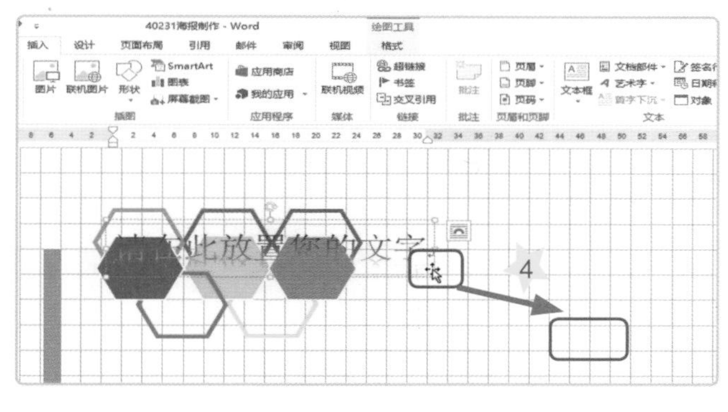

4 拖曳边框线移动文字对象至空白处。

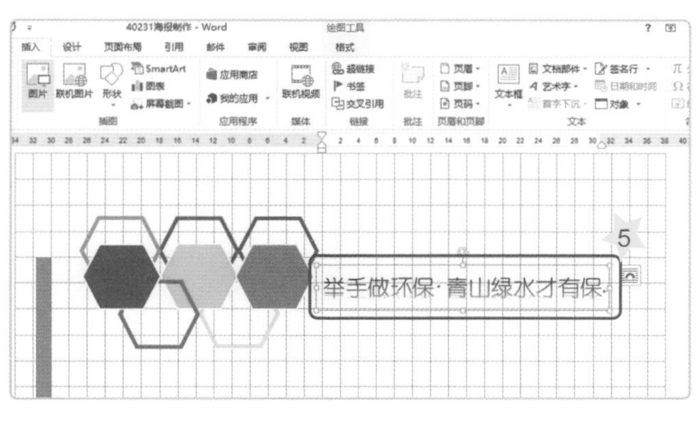

5 输入“举手做环保·青山绿水才有保”等文字，然后选择边框线选中文字对象。

二 文字对象转换效果

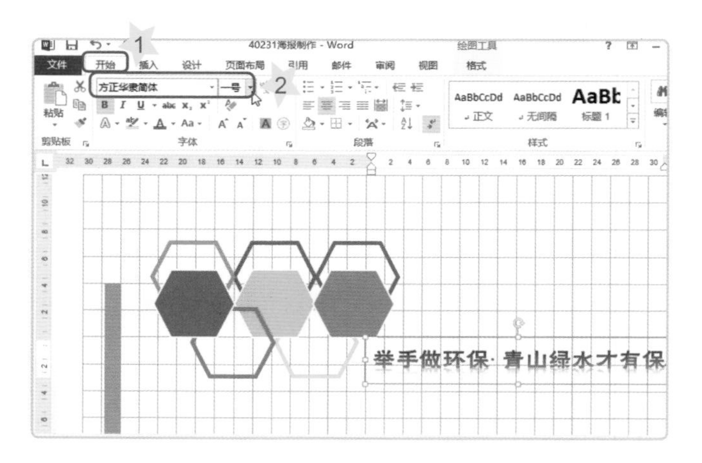

1. 单击“开始”功能选项卡。
2. 选择一种字体样式及大小。

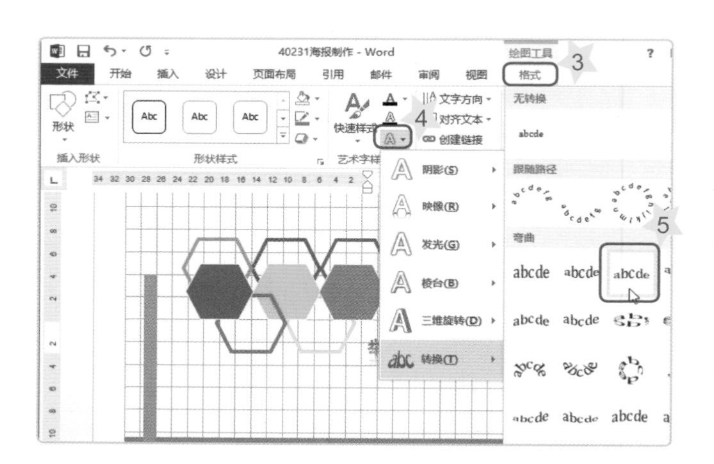

3. 单击“绘图工具”的“格式”关系型功能选项卡。
4. 单击 A▾ “文字效果”按钮。
5. 光标移至“转换”选项，在弹出的列表中选择一种效果。
6. 拖曳控制点调整文字对象的高度。

魔法棒

艺术字对象经过“转换”后，才可以拖曳控制点重设大小喔！

三 设置文字填充效果

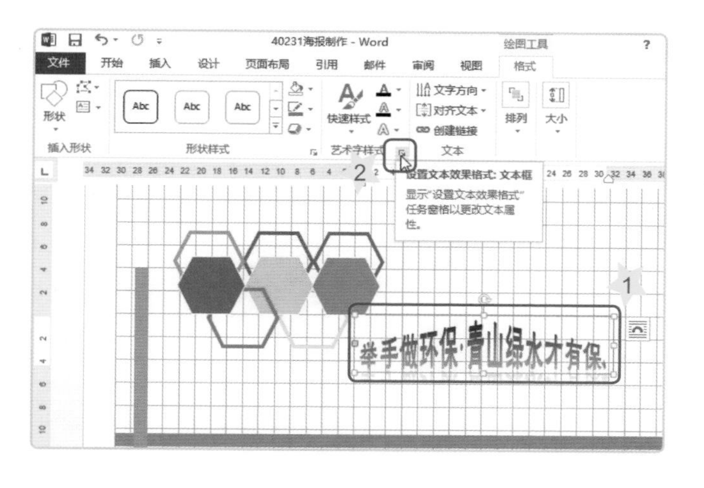

1. 选择文字对象。
2. 单击 ◲ 按钮，显示"设置文本效果格式：文本框"。

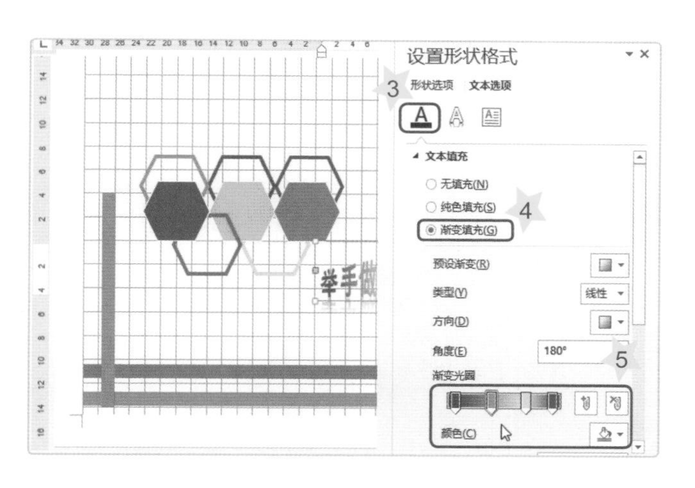

3. 单击 A "文本填充"选项。
4. 选择"渐变填充"选项。
5. 添加或删除渐变停止点及颜色。（自定义喔！）

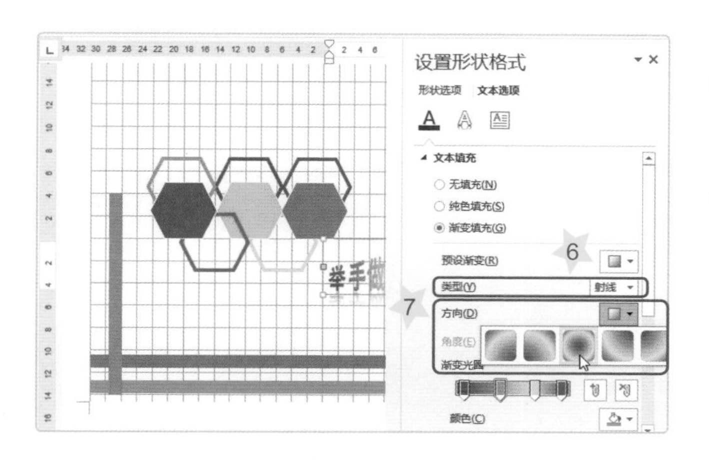

6. 选择"射线"类型。
7. 单击 ◻▾ "方向"按钮，再选择一种样式。

四 设置文字外框效果

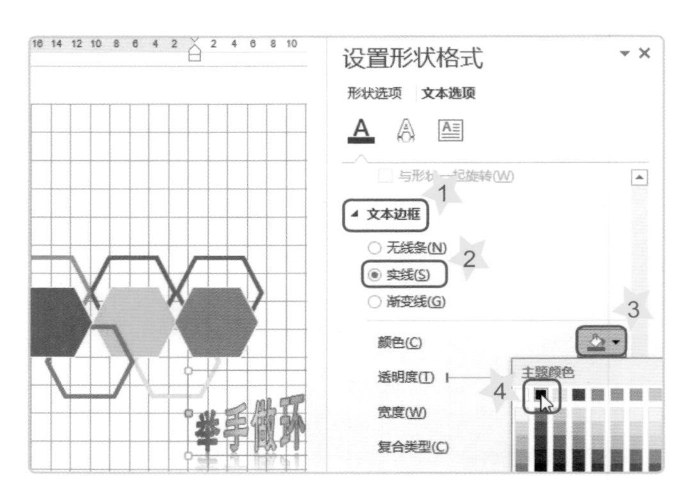

1 选择“文本边框”选项。

2 选择“实线”选项。

3 单击 “轮廓颜色”按钮，打开颜色列表。

4 选择一种颜色方块。

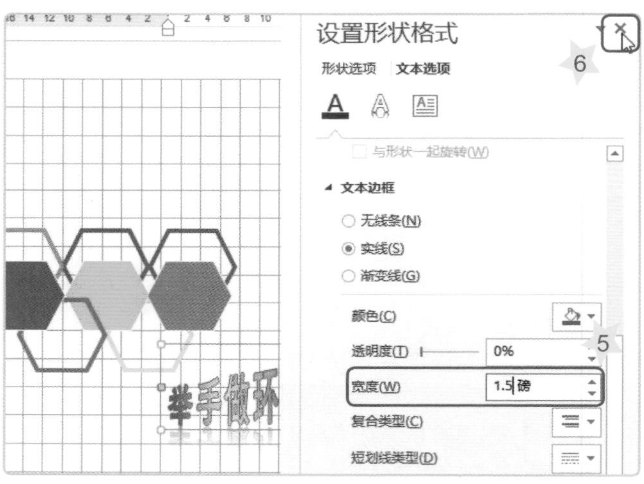

5 指定宽度为“1.5磅”。

6 单击“关闭”按钮。

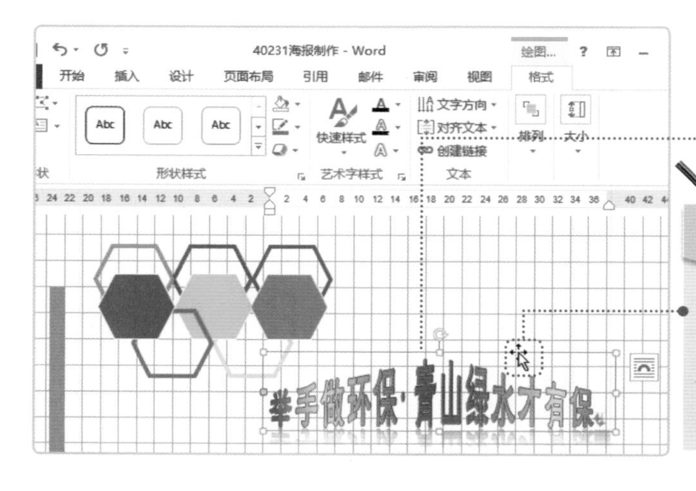

建立完成的标题文字

魔法棒

拖曳文字对象或图形对象的绿色控制点，可以旋转对象的放置角度。

5-4 文本框与图片

Word的“文本框”就好像是“便利贴”，可以浮贴在文件的任意一个位置。

一　插入文本框

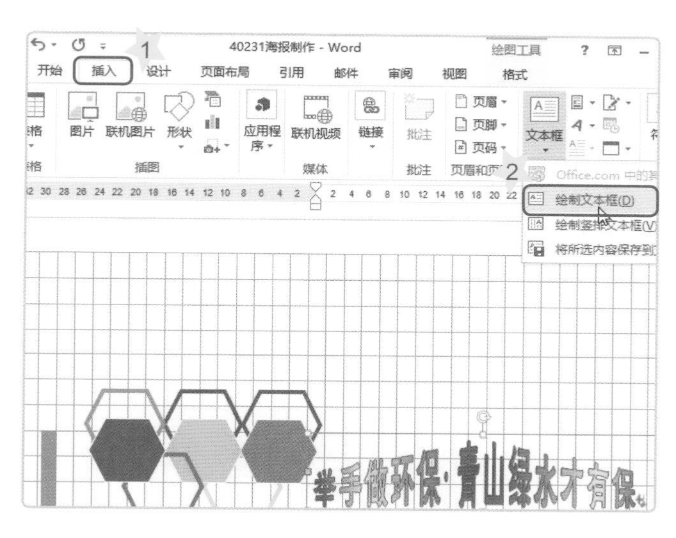

1 单击“插入”功能选项卡。

2 选择“绘制文本框”选项。

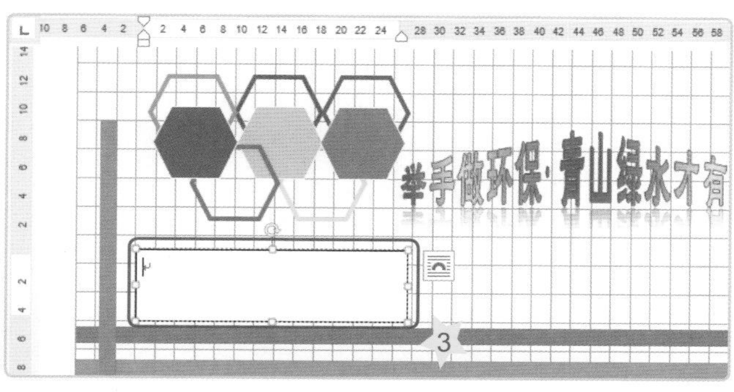

3 拖曳出一个矩形方块。

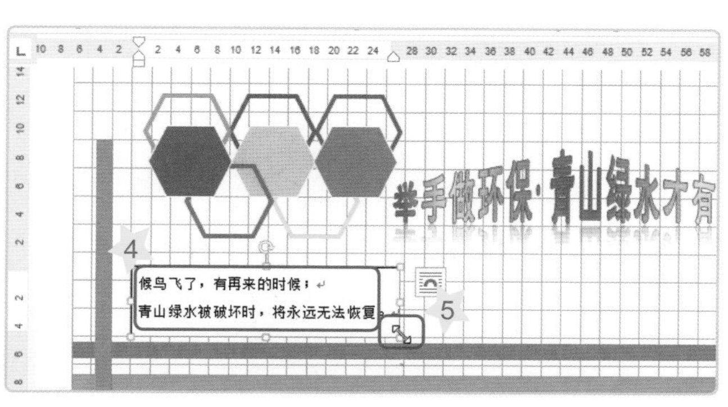

4 在方块内输入与环保相关的说明文字(内容自定义)。

5 拖曳控制点调整文本框的大小。

二 美化文本框

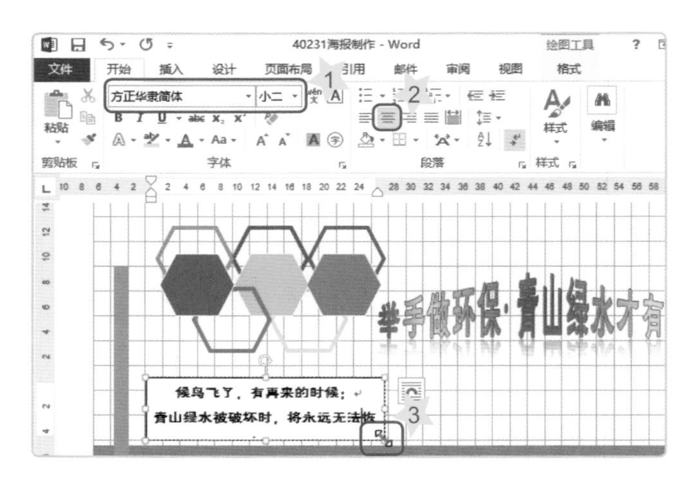

1 选择一种字体样式与大小。

2 单击 “居中”对齐。

3 拖曳控制点调整文本框的大小。

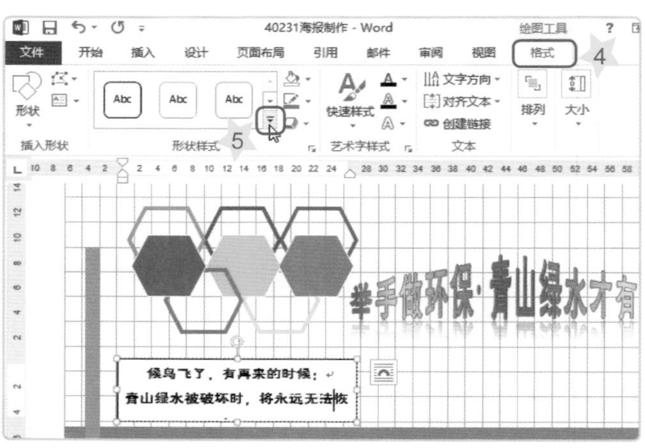

4 单击“绘图工具”的“格式”关系型功能选项卡。

5 单击 “其他”按钮打开图案样式列表。

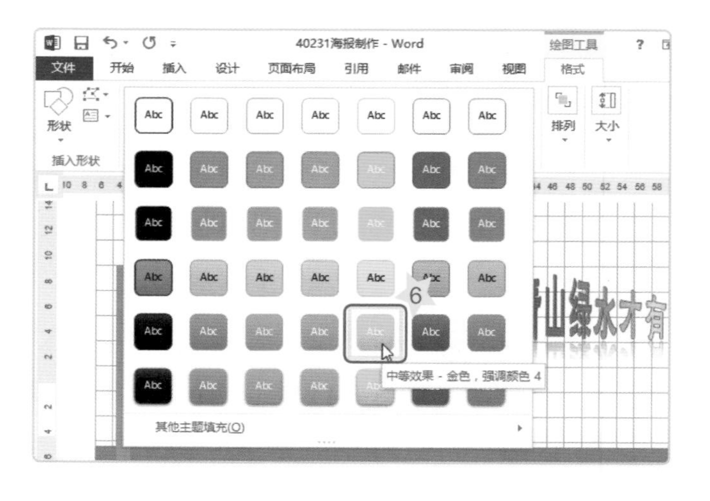

6 选择一种图案样式。（可自定义喔！）

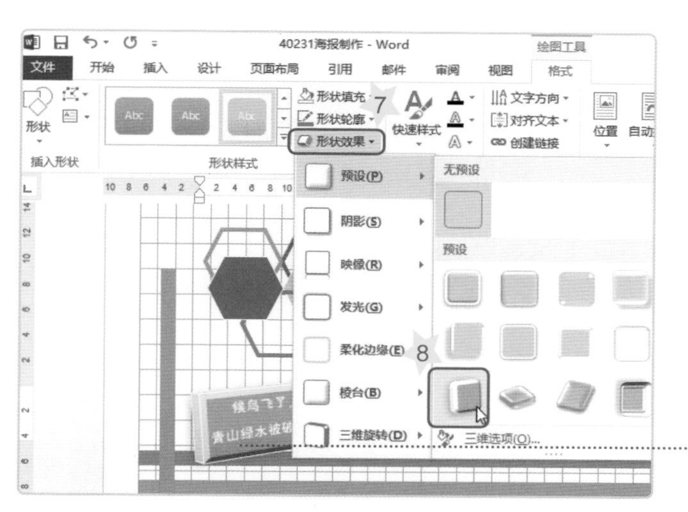

7 单击 形状效果 按钮。

8 光标移至“预设”选项，在弹出的列表中选择一种图案样式。

当光标移至图案样式上，文件上会立即显示预览效果。

三 插入图片文件

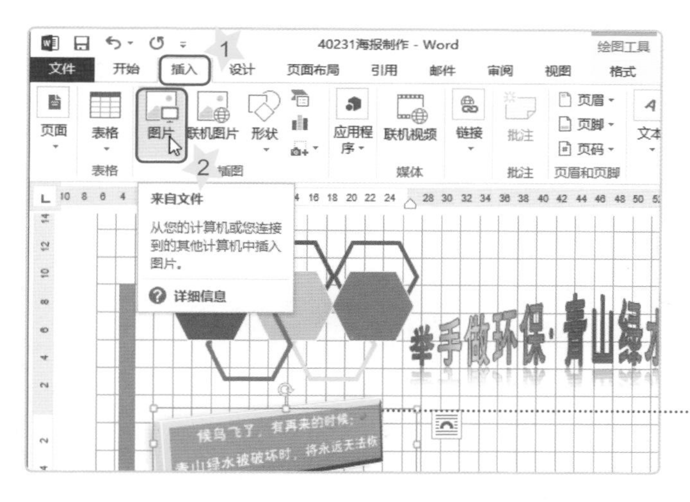

1 单击“插入”功能选项卡。

2 单击“图片”按钮。

设置后的文本框

3 单击“Users\lenovo\图片\素材”文件夹。

4 选择要插入的图片。

5 单击“插入”按钮。

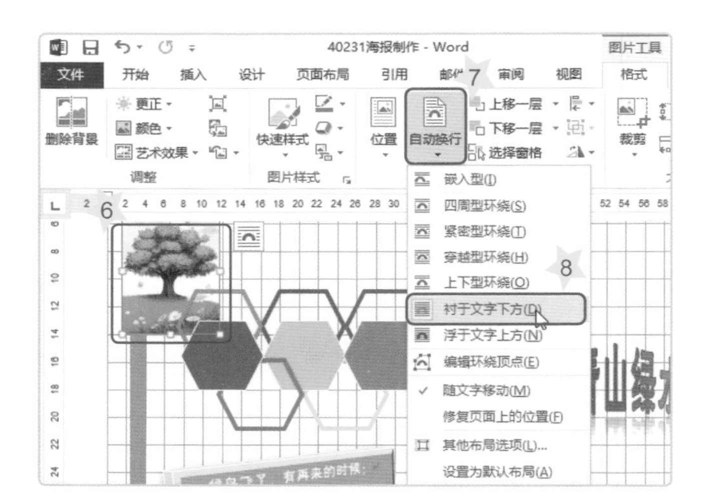

6 选择图片。

7 单击“自动换行”按钮。

8 选择“衬于文字下方”选项。

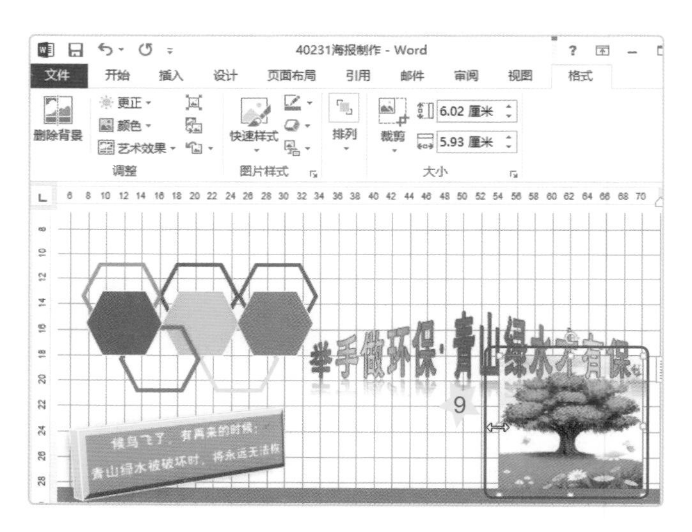

9 拖曳图片调整位置，并调整图片的大小。

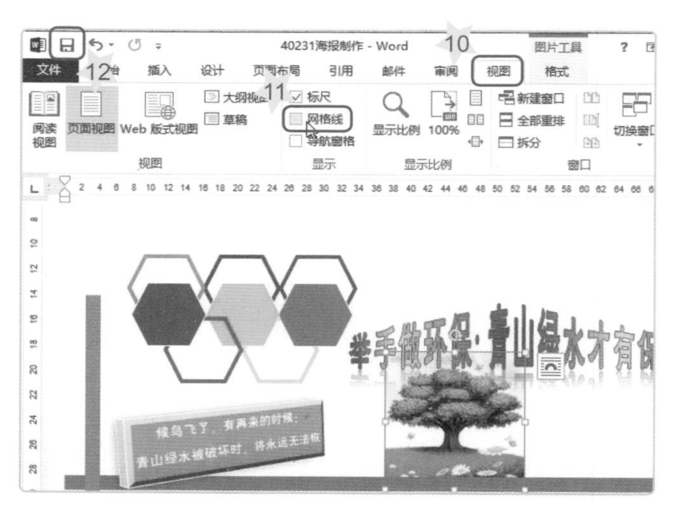

10 单击“视图”功能选项卡。

11 取消选择“网格线”选项。

12 单击 🖫 “保存”按钮，完成这一节的操作。

升级箱

Word 2013提供快速删除图片背景的功能，如果你要删除图片中的白色背景，请依下列步骤操作：

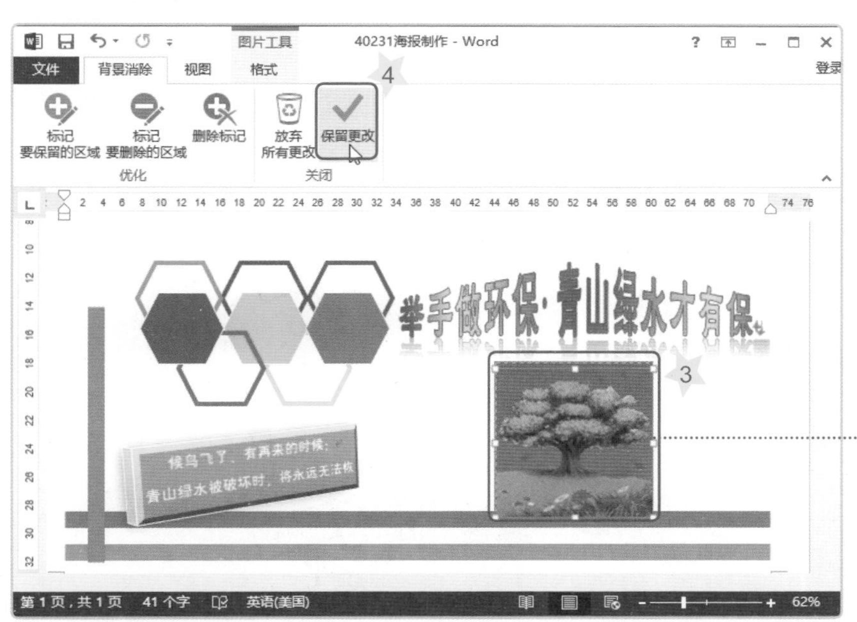

拖曳控制点调整要保留的区域

换你做做看

打开第5课的作品“40231海报制作”，然后另存为“40231海报制作(完成)”，接着用“艺术字”插入“把爱还给大地”等标题文字，文字样式可自定义喔！

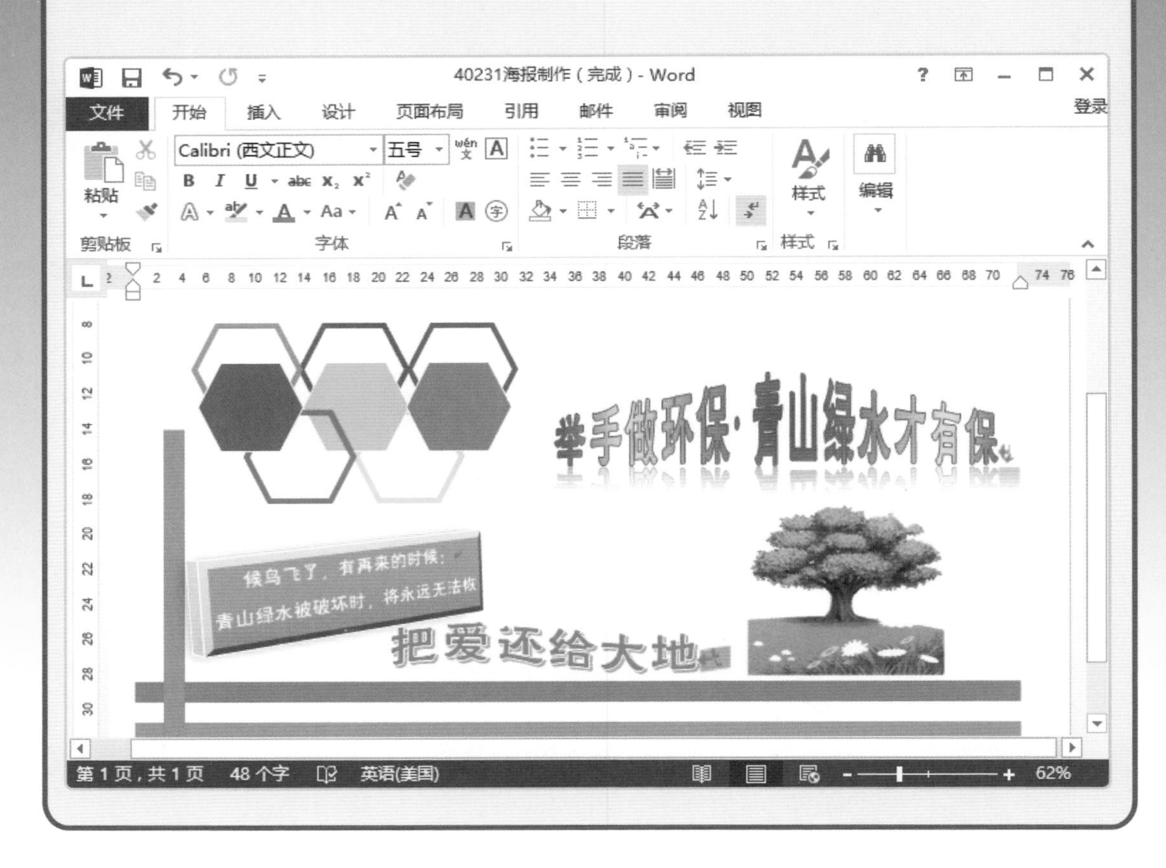

一百分

能美化文字对象的造型与外观

能设置文字对象的字型样式

能利用“艺术字”插入文字对象

能将现有文件另存为新文件

第6课 卡片传祝福

学习目标

1.能使用分页符号

2.能垂直或水平翻转图片

3.能设置页面边框线

4.能用文本框书写卡片内文

5.能用手动方式打印卡片

6-1 卡片的版面设置

卡片的应用范围非常广泛，无论是在教师节、中秋、春节等节庆时刻，还是好友的一张DIY生日贺卡都会给人带来一丝温馨幸福的感觉。在这一课中，我们将通过制作生日Party邀请卡，来体验制作卡片的乐趣。

一 版面设置

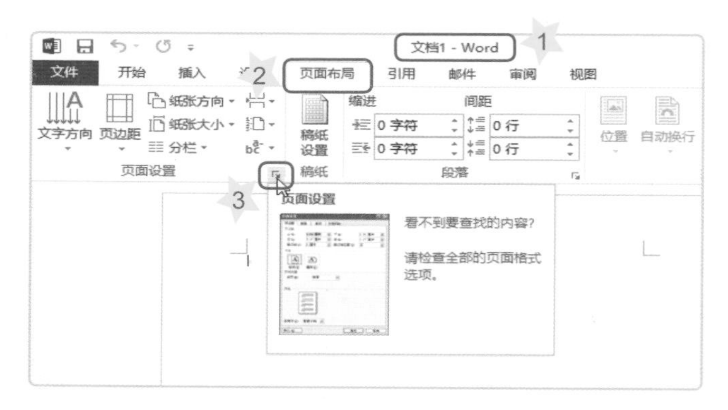

1. 建立一个新文档，同时进行保存（文档名自定义）。
2. 单击“页面布局”功能选项卡。
3. 单击 按钮显示“页面设置”对话框。
4. 指定上、下、左、右页边距值都为“2厘米”。
5. 选择纸张方向为“纵向”。
6. 页码范围选择“普通”。

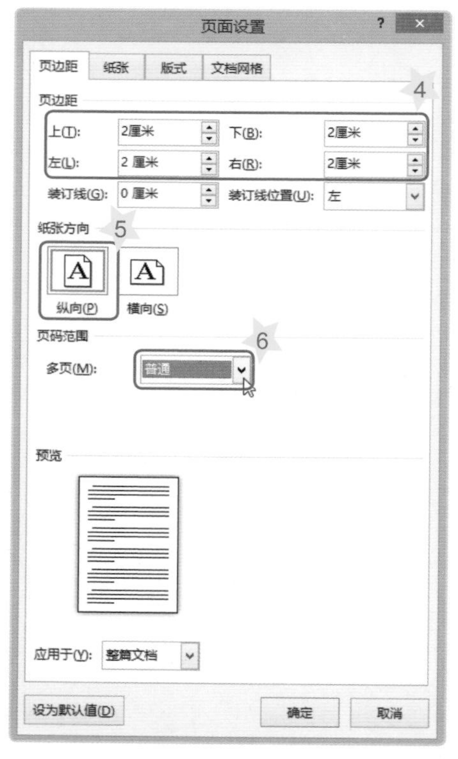

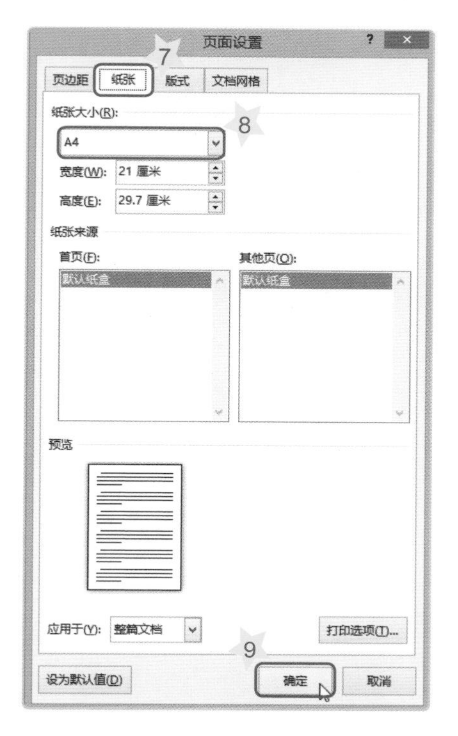

单击“纸张”选项卡。

选择“A4”纸张大小。

设置完成后，单击“确定”按钮。

“单面双页”的选项，是指在一张纸上打印双页的内容，也就是在Word 2013的编辑模式中，一页的打印区域恰好是半张纸的范围。

标准单页

单面双页

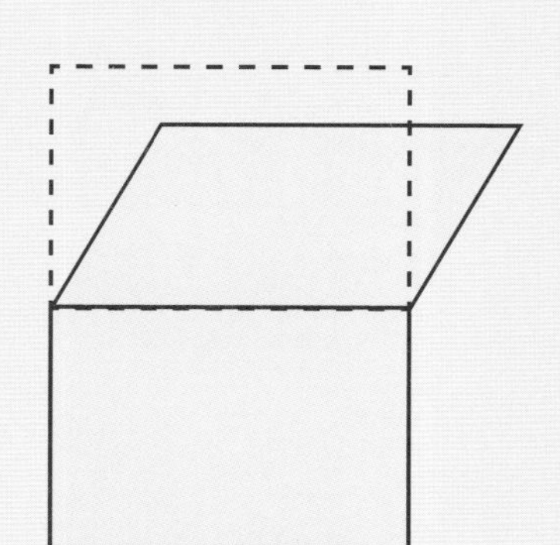

二 插入分页符号

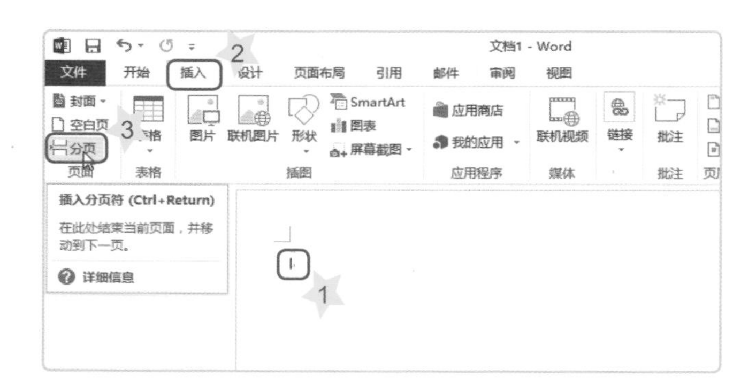

1 将光标置于文件的第2行。

2 单击“插入”功能选项卡。

3 单击“分页”命令。

三 插入分节符

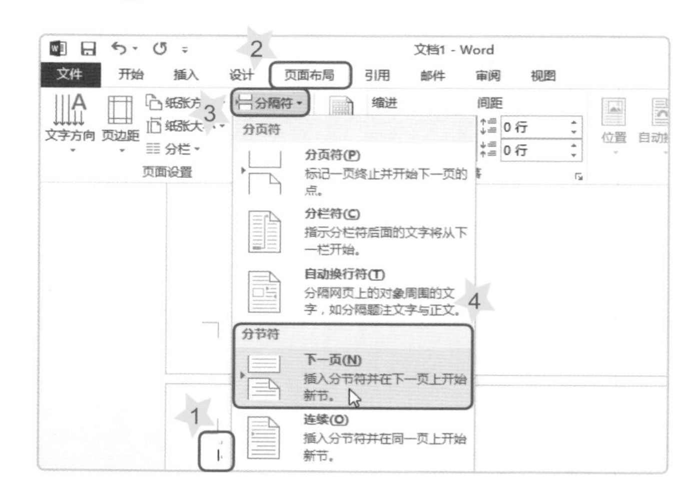

1 将光标置于文件的第2页第2行。

2 单击“页面布局”功能选项卡。

3 单击 分隔符 命令。

4 选择“分节符→下一页”选项。

5 将光标置于文件的第3页第2行。

6 单击 分隔符 命令。

7 选择“分页符”选项。

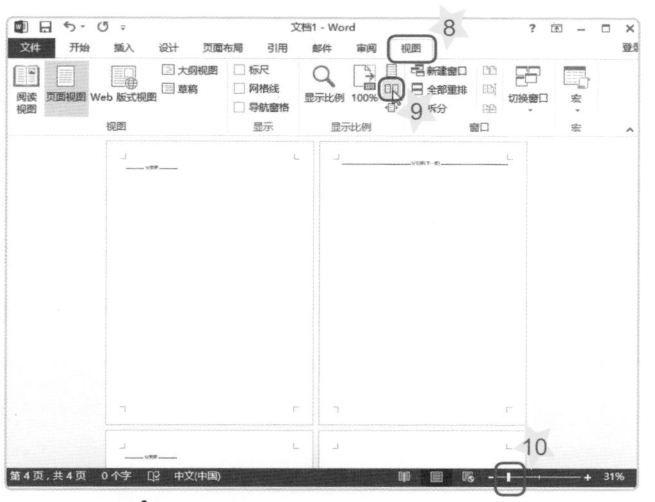

8 单击“视图”功能选项卡。

9 单击“多页”命令。

10 拖曳滑杆调整显示比例。

1. 这份文件共有4张页面，单击“显示/隐藏编辑标记”按钮，可以在第1页及第2页显示“分页符号”，在第2页显示“分节符(下一页)”。
2. 卡片是由一张纸对折而成，对折方式可分为上下对折及左右对折两种。所以一张卡片应该有4个页面，这4个页面分别是封底、封面、内页（有2个内页）。在这一课中，我们将以制作“上下对折”的卡片为示例。

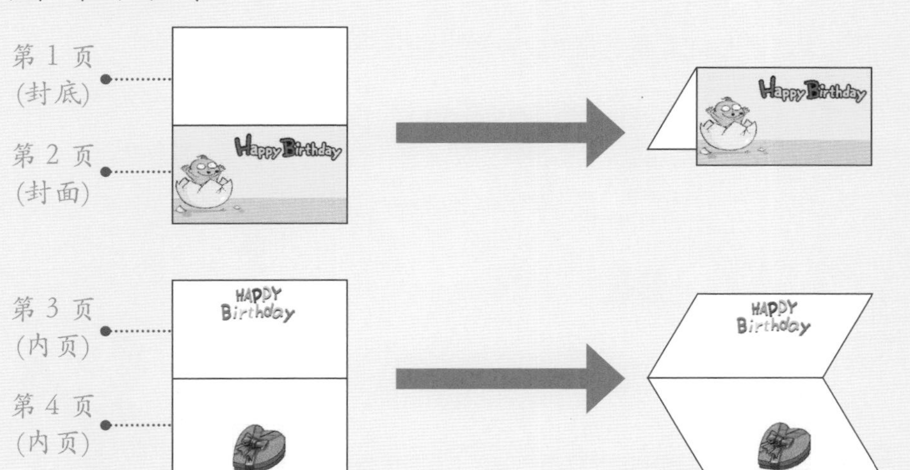

6-2 卡片封底与封面制作

卡片的封面与封底是整张卡片的“点睛之处”。在这一节中，我们将通过图片及艺术字，来进行生日贺卡的封面与封底制作。

一 卡片封底制作

插入外部文件图片

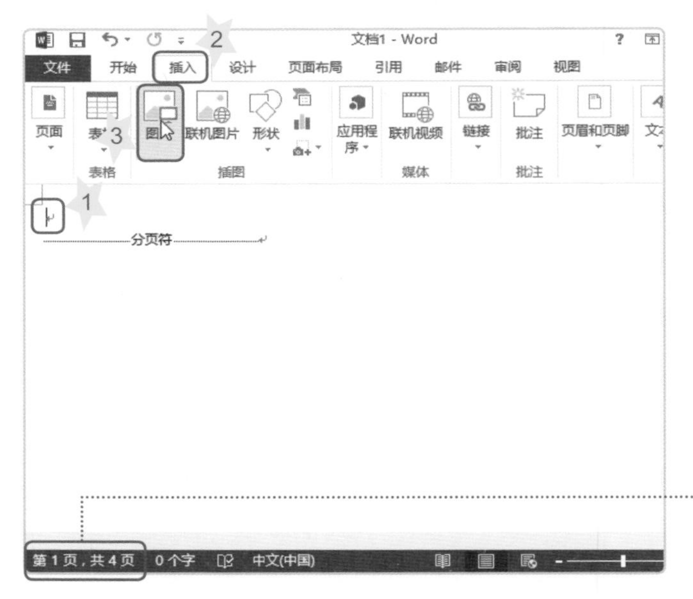

1 将光标置于文件的第1页第1行的位置。

2 单击“插入”功能选项卡。

3 单击“图片”按钮。

显示本文件共有4页，目前光标位置在第1页。

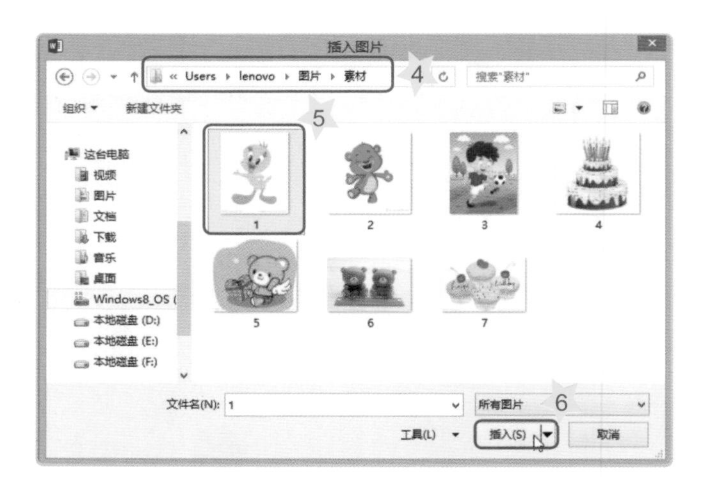

4 打开“Users\lenovo\图片\素材”文件夹。

5 选择“1”图片。

6 单击“插入”按钮。

垂直翻转图片

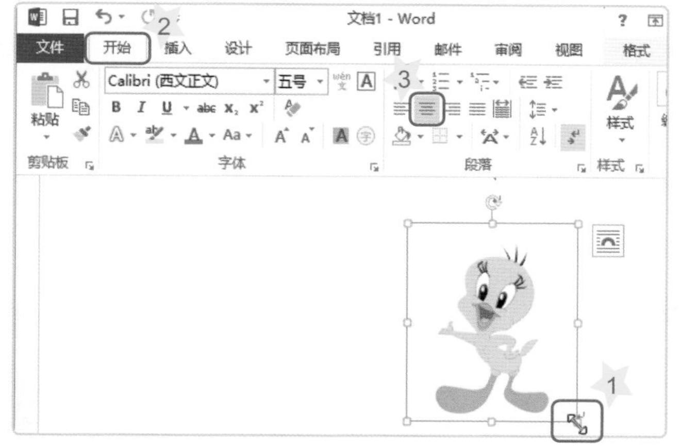

1. 拖曳控制点调整图片大小。
2. 单击“开始”功能选项卡。
3. 单击“居中”按钮。

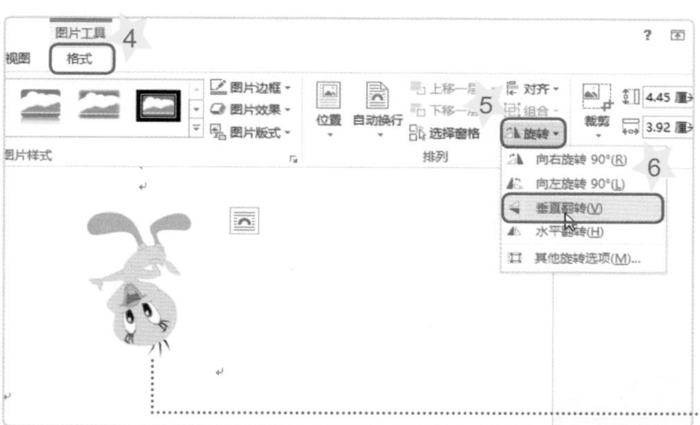

4. 单击“图片工具”的“格式”关系型功能选项卡。
5. 单击 旋转 按钮。
6. 选择“垂直翻转”选项。

因为卡片纸张要对折，所以第1页内容必须垂直翻转。

二　卡片封面制作

绘制封面背景

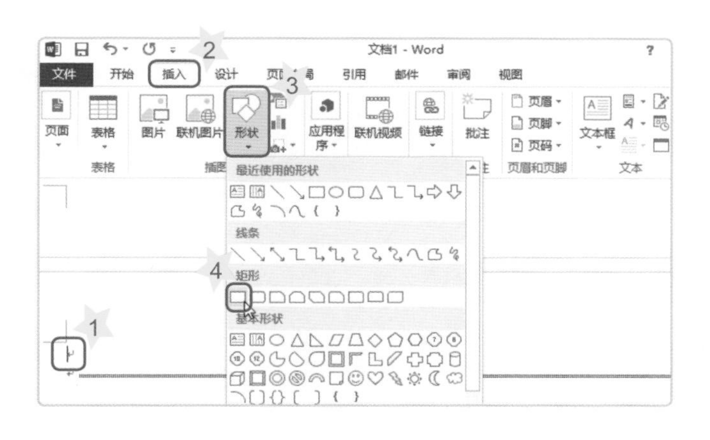

1. 将光标置于第2页。
2. 单击“插入”功能选项卡。
3. 单击“形状”按钮。
4. 选择 “矩形”选项。

5 拖曳光标绘制一个矩形，以覆盖第2页。

6 单击 按钮显示“设置形状格式”对话框。

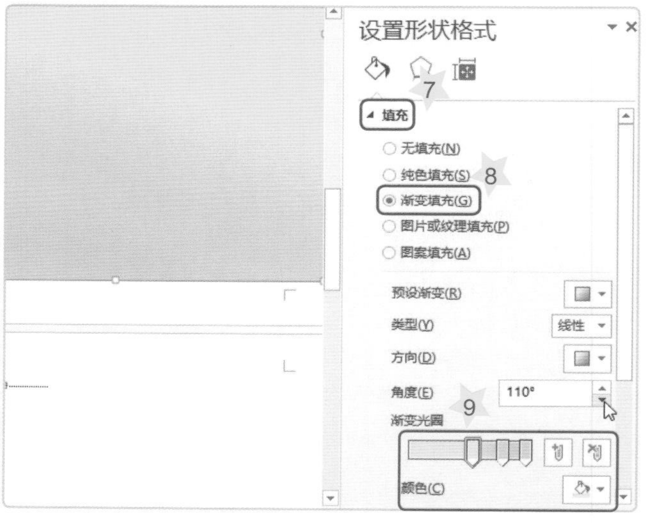

7 单击“填充”展开选项卡。

8 选择“渐变填充”选项。

9 修改渐变停止点的数量与颜色，并指定渐变填充的角度。（自己可以根据需要调整渐变的颜色喔！）

10 单击“填充”折叠列表。

11 单击“线条”展开列表。

12 选择“无线条”选项。

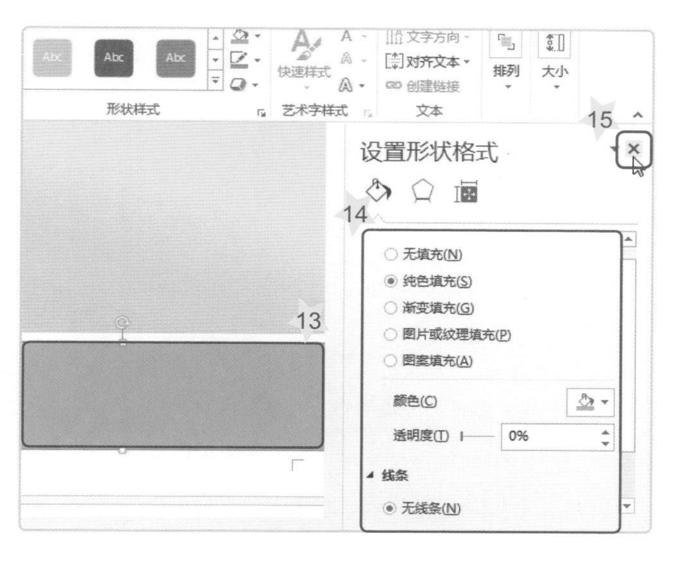

13 用相同方法再绘制一个矩形。

14 指定填充"颜色"，及"线条"。

15 单击 ✕ "关闭"按钮。

插入图片

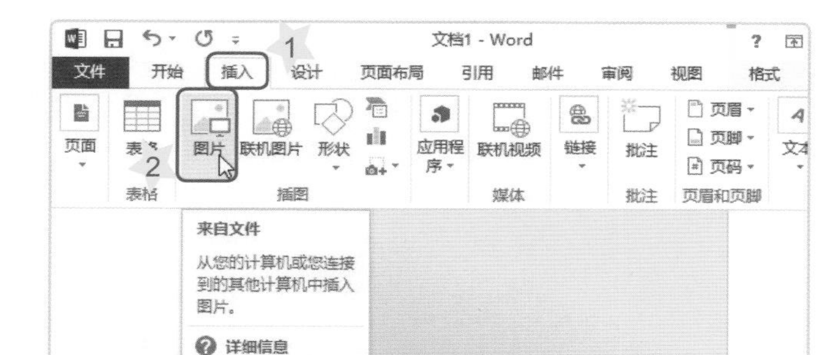

1 单击"插入"功能选项卡。

2 单击"图片"按钮。

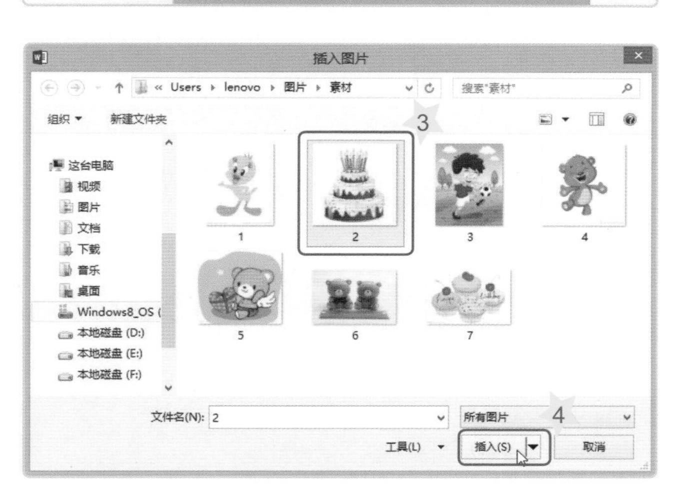

3 打开"Users\lenovo\图片\素材"，选中图片"2"。

4 单击"插入"按钮。

5 单击“自动换行”按钮。

6 选择“浮于文字上方”选项。

魔法棒

插入图片后要立刻选择“浮于文字上方”选项，否则图片会被矩形遮住喔！

加入主题文字

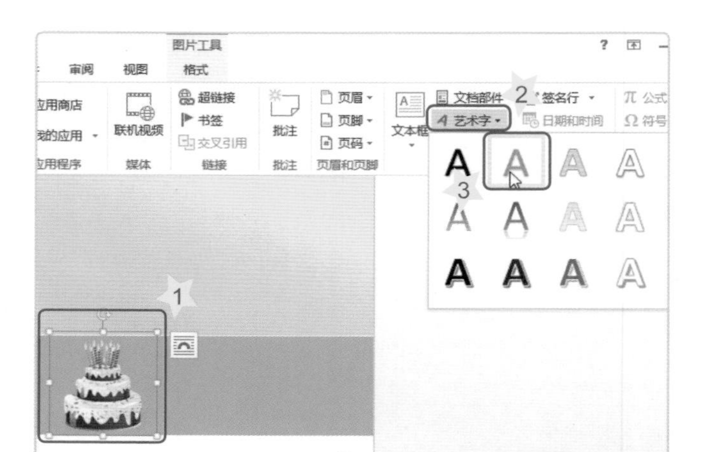

1 调整图片的位置及大小。

2 单击 艺术字 按钮。

3 选择一种样式。

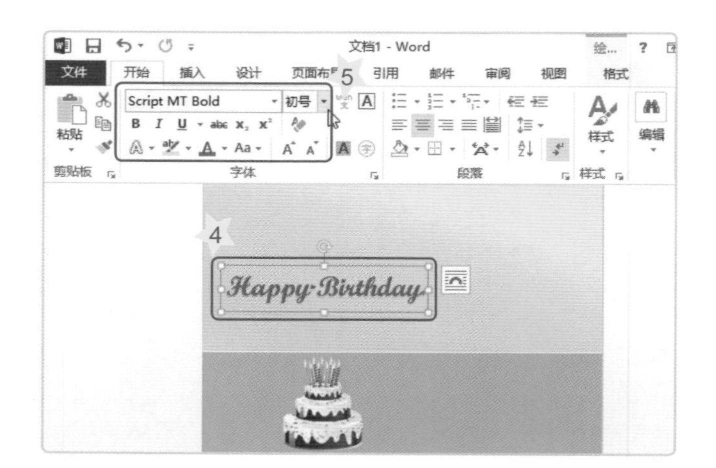

4 输入“Happy Birthday”等主题文字，并调整文字对象的位置。

5 指定文字的字体、大小与颜色等样式。

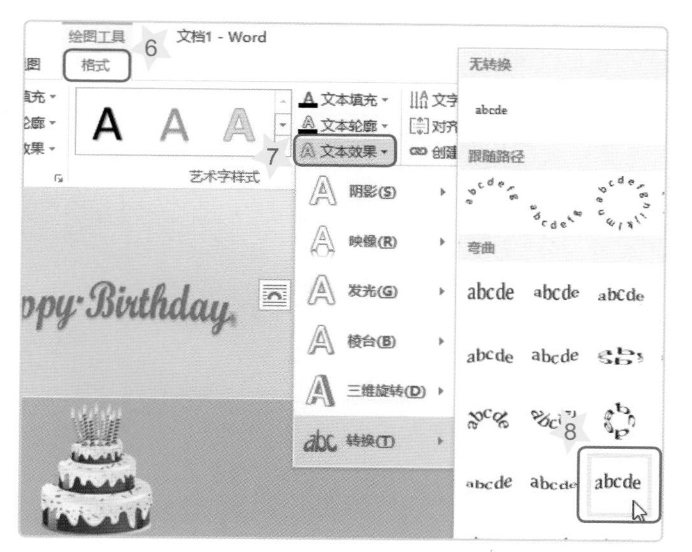

6 单击“绘图工具”的“格式”关系型功能选项卡。

7 单击 A文本效果 按钮。

8 光标移至“转换”选项，在弹出的列表中选择一种效果样式。

9 拖曳控制点调整文字对象的大小。

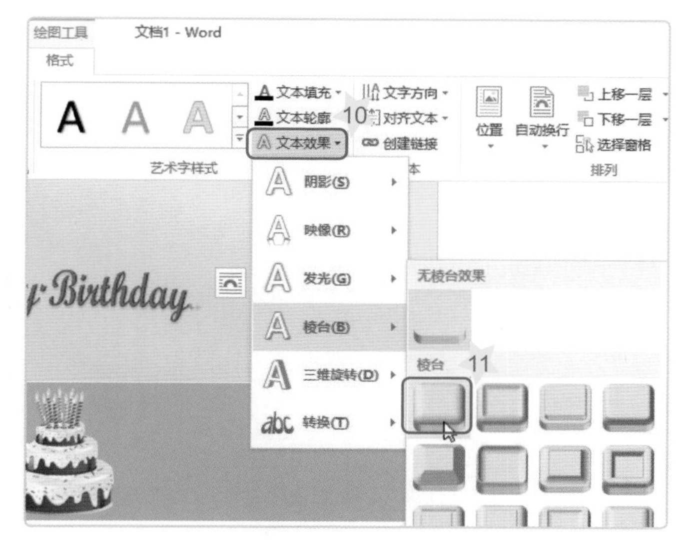

10 单击 A文本效果 按钮。

11 光标移至“棱台”选项，在弹出的列表中选择一种效果样式。

6-3 卡片内页设计

卡片的内页通常用来书写问候、祝福、邀请等主题内容文字，它包含两个页面，我们就称它为“上内页”及“下内页”，也就是文件的第3页及第4页。现在就一起来设计内页的版面啰！

一 设置上内页的页面边框线

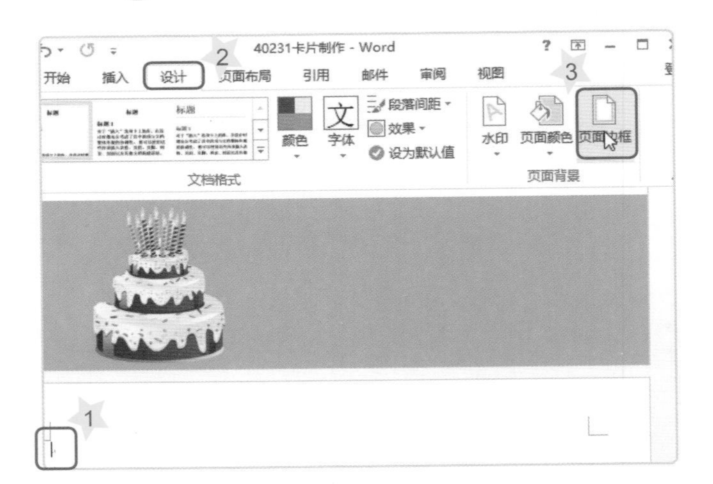

1 将光标插入点置于第3页第1行的位置。

2 单击“设计”功能选项卡。

3 单击“页面边框”按钮。

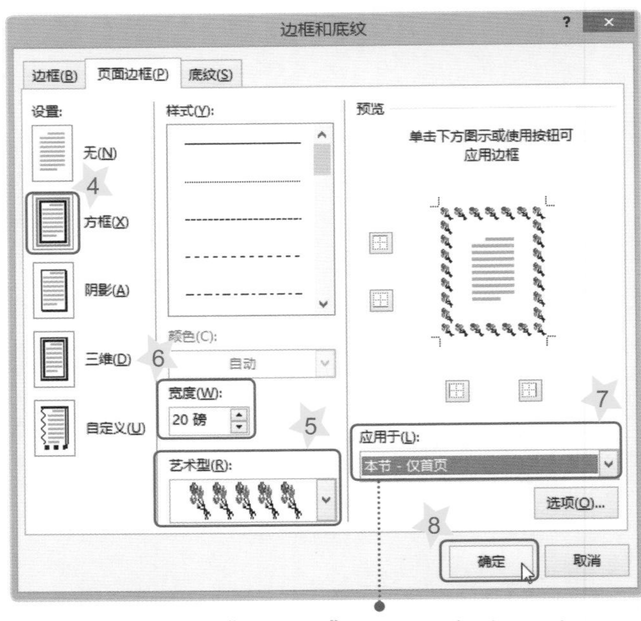

在第2页插入“分节符”，才能在第3页应用“此节-只有第一页”的选项。

4 选择“方框”选项。

5 选择一种花边样式。

6 指定花边宽度为“20磅”。

7 选择应用于“本节-仅首页”选项。

8 单击“确定”按钮。

二 插入在线图片

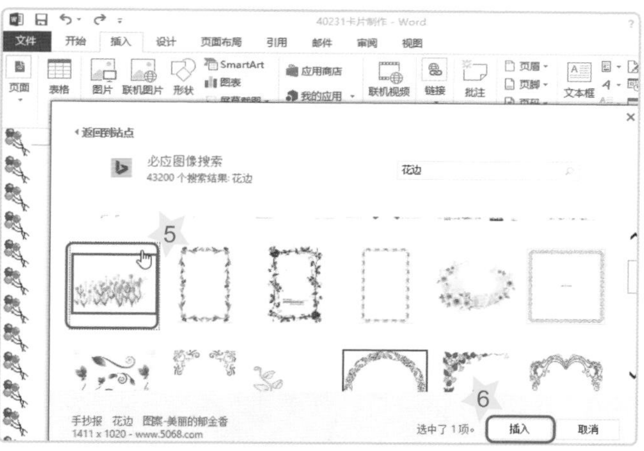

1. 将光标插入点置于第3页第1行的位置。
2. 单击“插入”功能选项卡。
3. 单击“联机图片”按钮。
4. 输入“花边”再单击 🔍 “搜索”按钮。
5. 选择一张图片。
6. 单击“插入”按钮。

三 插入主题文字

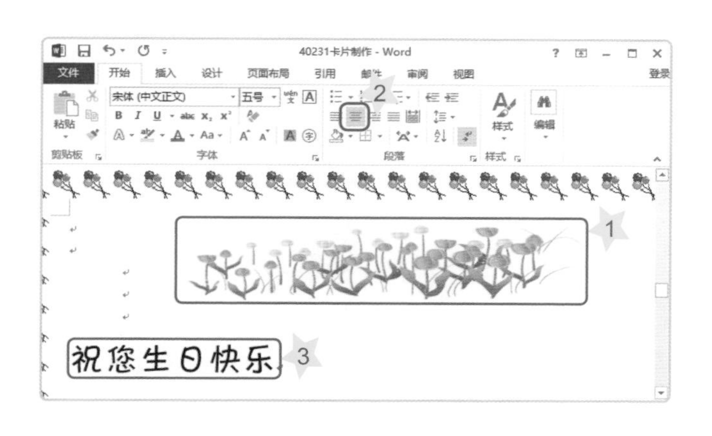

1. 拖曳控制点调整图片大小。
2. 单击 “居中”按钮。
3. 输入“祝您生日快乐”等文字，并指定文字的字体与大小。

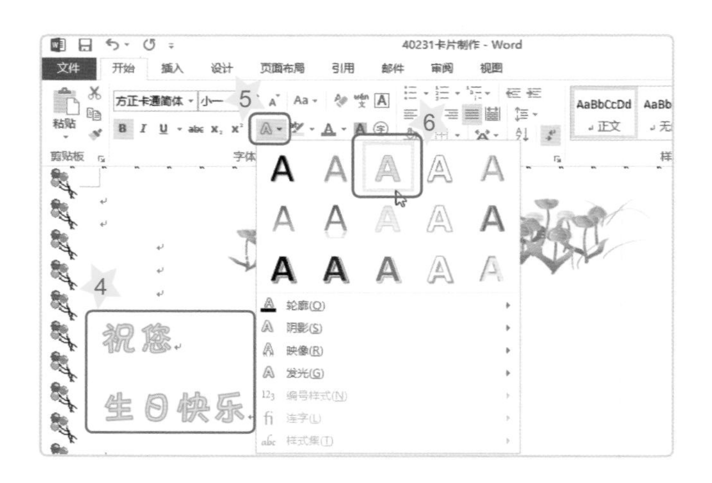

4 调整文字的位置，然后选中文字范围。

5 单击 “文字效果”按钮。

6 选择一种文字效果。

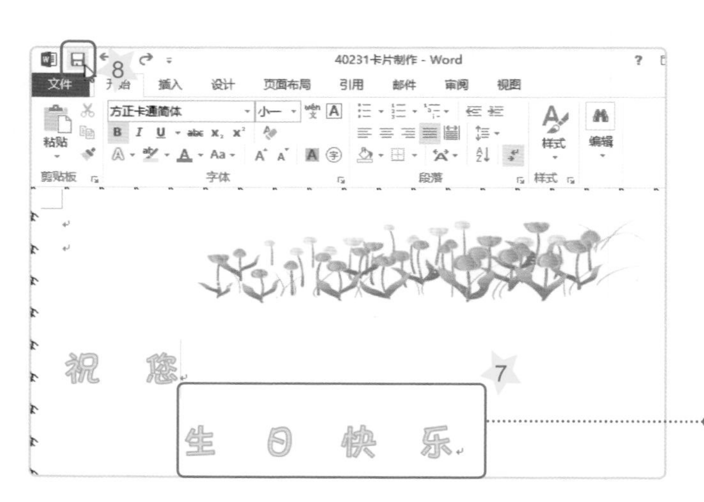

7 利用插入空格键的方法调整文字间距。

8 单击 “保存”按钮。

其他空白处可以加入图片喔!

四 设置下内页背景

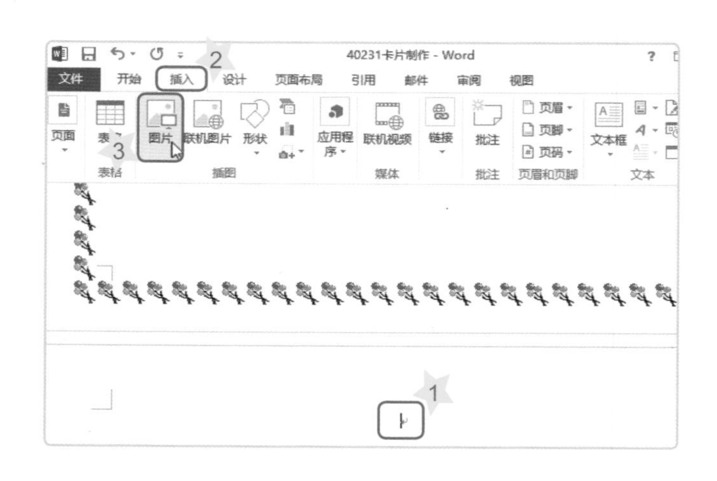

1 将光标插入点置于第4页第1行。

2 单击“插入”功能选项卡。

3 单击“图片”按钮。

4 打开“Users\lenovo\图片\素材”文件夹。

5 选择图片“4”或其他图片。

6 单击“插入”按钮。

7 单击“自动换行”按钮。

8 选择“浮于文字上方”选项。

9 拖曳控制点调整图片的大小与位置。

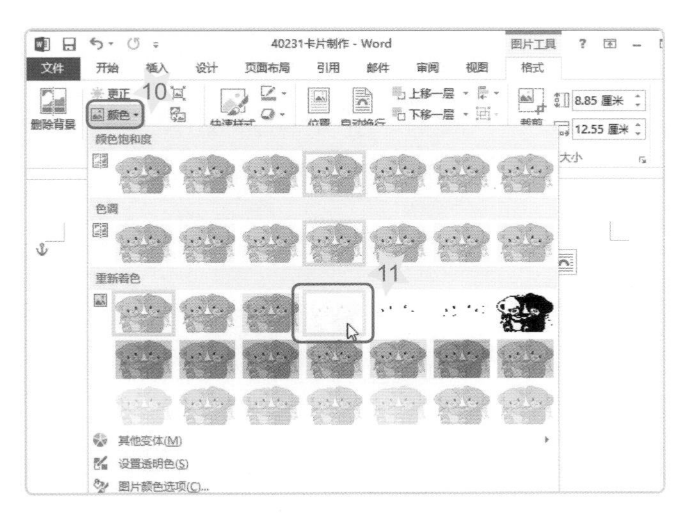

10 单击 颜色 按钮。

11 选择“冲蚀”或其他效果。

五 插入文本框

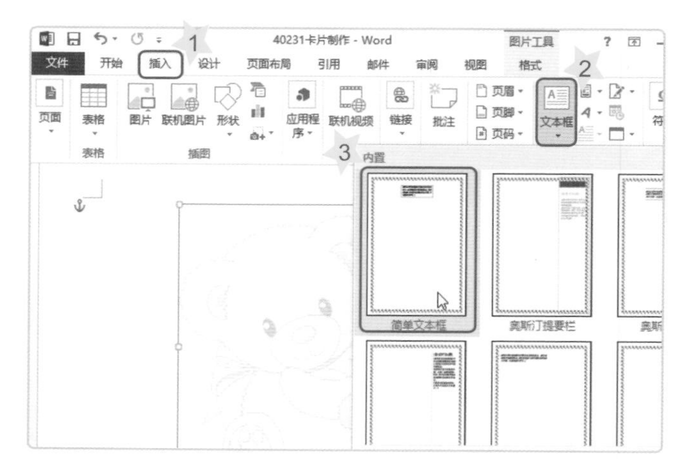

1 单击“插入”功能选项卡。

2 单击“文本框”按钮。

3 选择“简单文本框”样式。

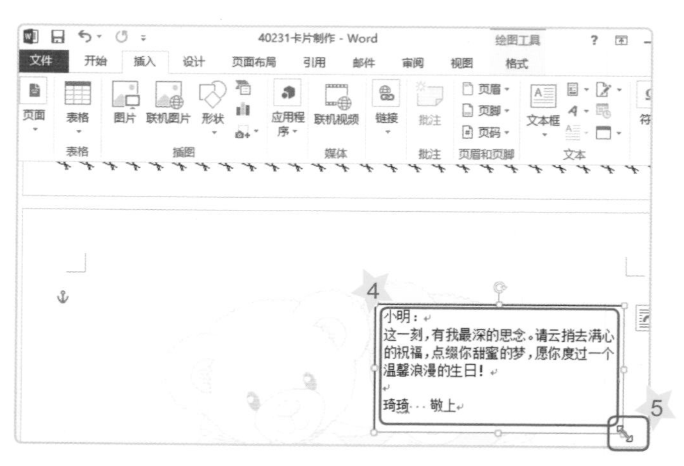

4 将光标插入点置于文本框内，然后输入卡片内文。

5 拖曳控制点调整文本框的大小。

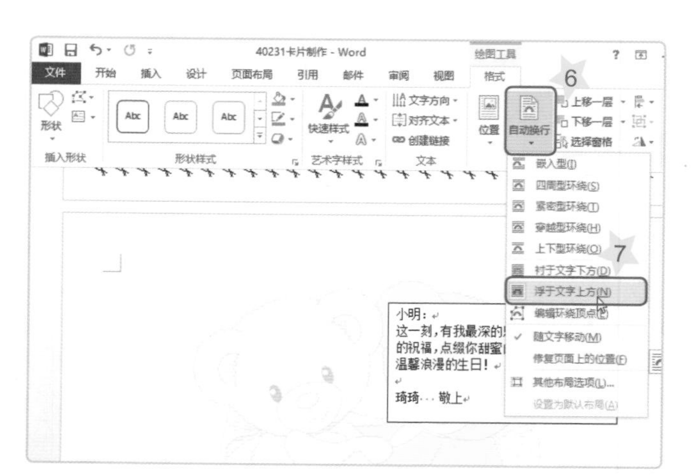

6 单击“自动换行”按钮。

7 选择“浮于文字上方”选项。

六 编辑卡片内文

1 选择文本框。

2 指定文字的字体、大小与颜色等样式。

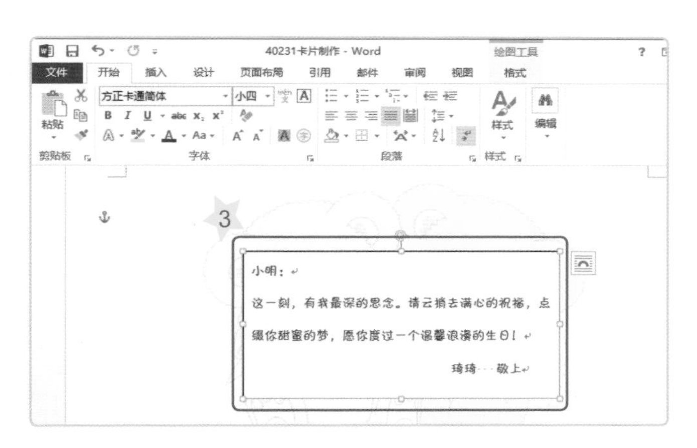

3 调整文字段落位置及设置文字的颜色。

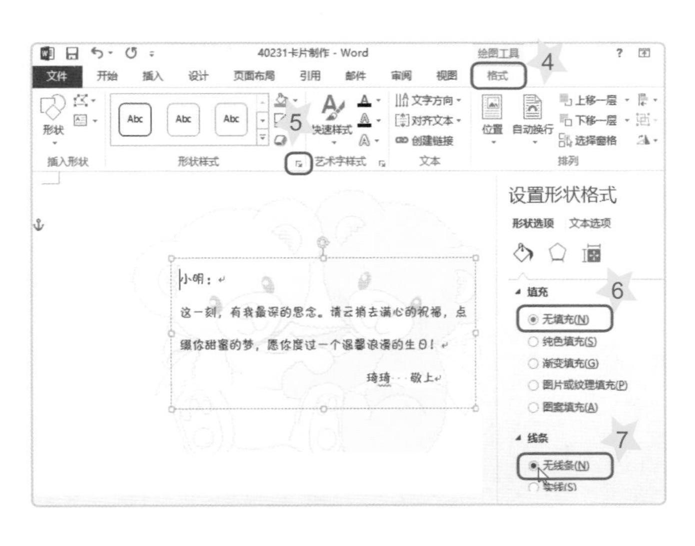

4 单击“绘图工具”的“格式”关系型功能选项卡。

5 单击 按钮打开“设置形状格式”对话框。

6 选择“无填充”选项。

7 选择“无线条”选项。

6-4 打印卡片

卡片编辑完成后，将它打印出来送给你的好友或师长，一起分享学习的成果。

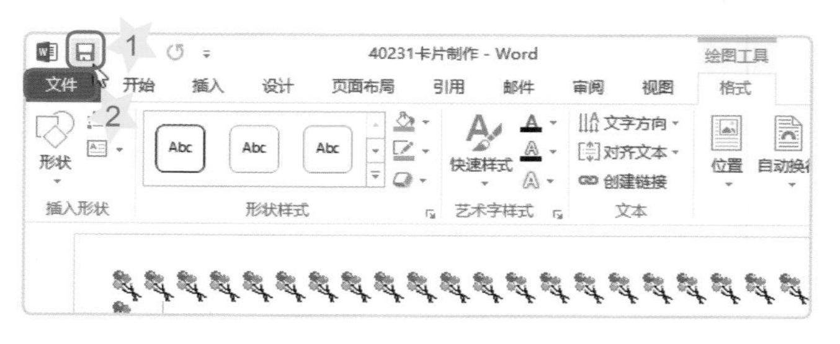

1 单击“保存”按钮。

2 单击“文件”功能选项卡。

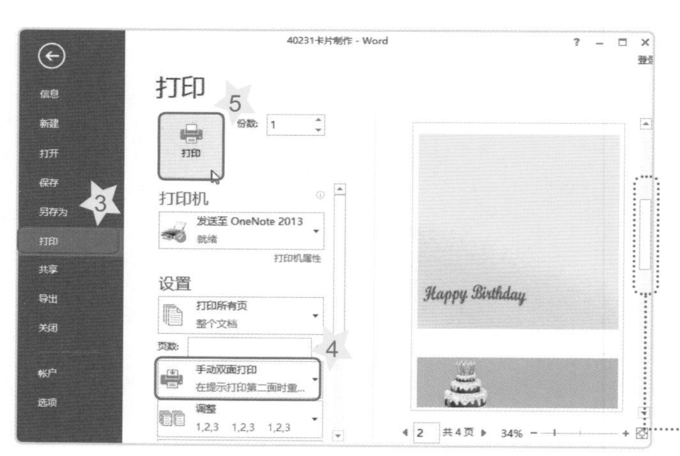

3 选择“打印”命令。

4 选择“手动双面打印”选项。

5 单击“打印”按钮。

滚动浏览页面

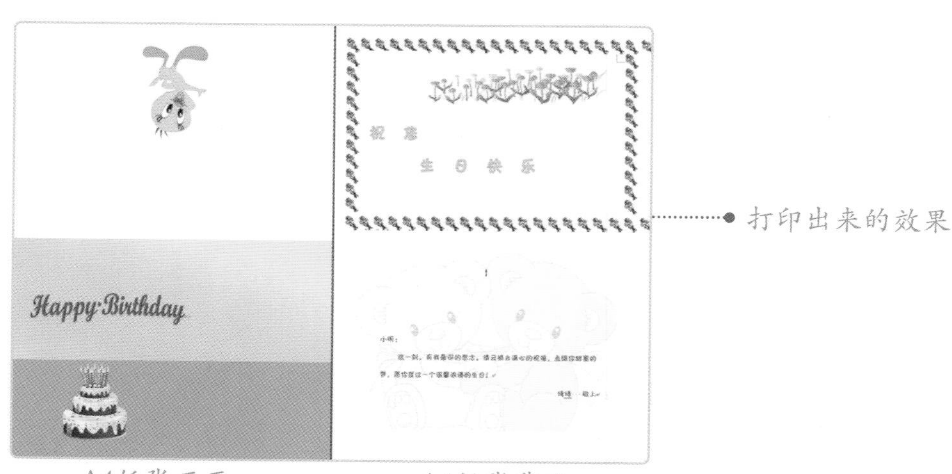

打印出来的效果

A4纸张正面　　A4纸张背面

升级箱

Word提供图片剪裁功能，你可以依照下列步骤快速剪裁图片：

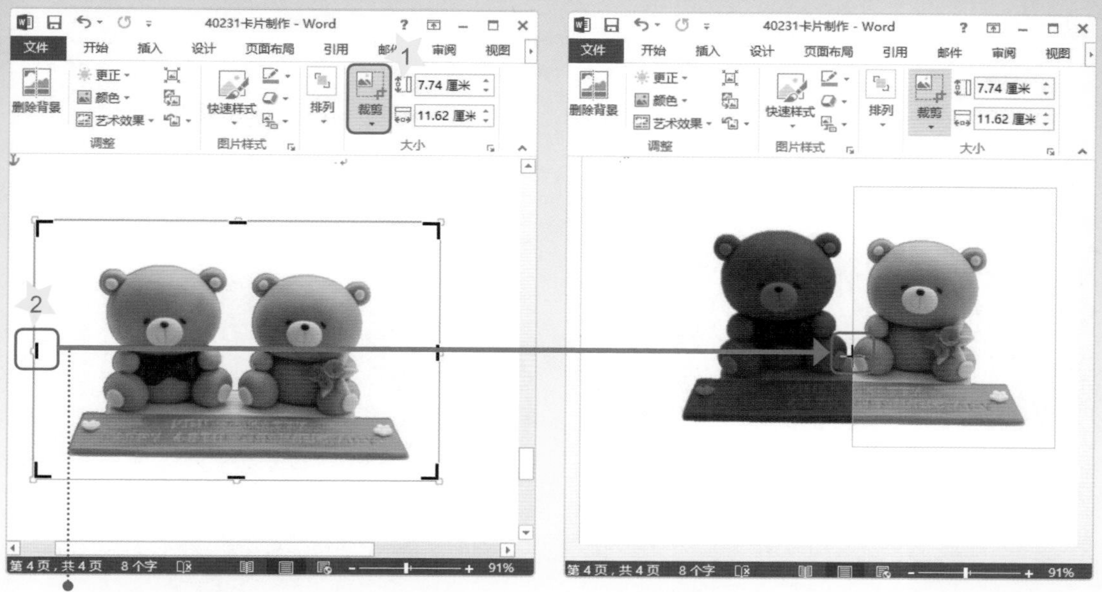

向右拖曳控制点剪裁图片

剪裁后的图片

换你做做看

打开第6课的作品“40231卡片制作”，然后另存为“40231卡片制作(完成)”，接着加入图片来进行美化，并输入卡片内文。（图片背景要透明喔！）

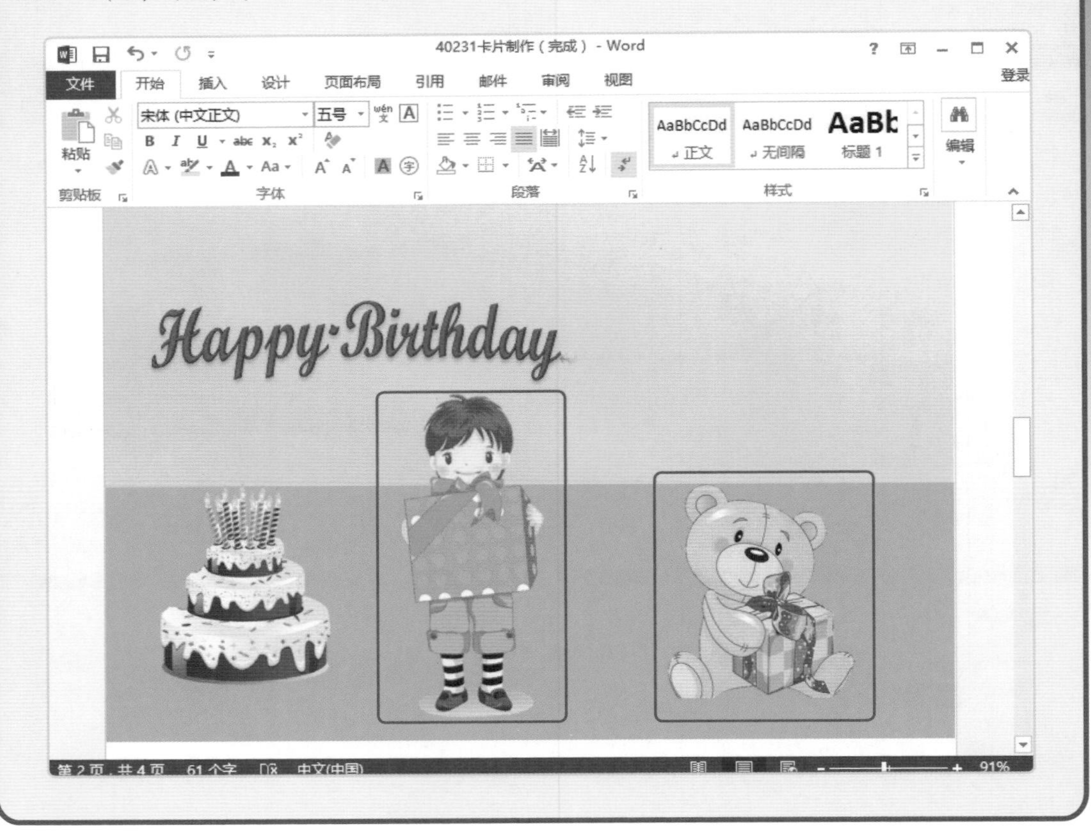

一百分
能以手动双面打印方式打印卡片

能利用文本框输入卡片内文

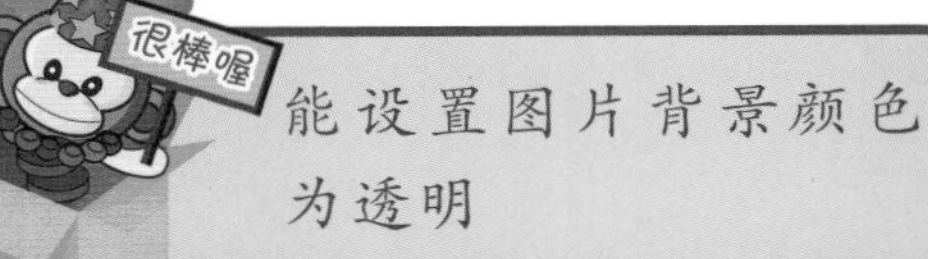

能设置图片背景颜色为透明

能搜索并插入图片

第7课 分享我的专题研究

学习目标

1. 能插入并编辑标题页
2. 能使用项目编号或符号
3. 能自定义段落样式
4. 能插入SmartArt图形
5. 能插入页眉及页脚

7-1 制作专题封面

在自然科学、社会实践等课程里，常有观察、实验、搜集数据等活动，我们需要将信息记录下来，经过整理与分析后，再以口头或书面的方式呈现给大家分享。在这一课中，我们将利用Word来编写观察报告。

一 版面设置

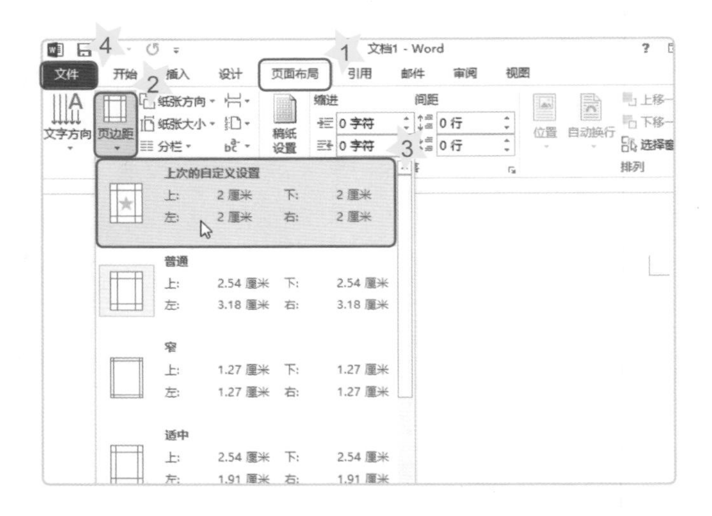

1. 打开空白文档，然后单击“页面布局”功能选项卡。
2. 单击“页边距”按钮。
3. 选择“上次的自定义设置”或其他样式选项。
4. 单击“文件”功能选项卡。

二 输入文档信息

1. 选择“信息”命令。
2. 输入“会变装的棉杆竹节虫”等标题文字。
3. 输入作者名称（可省略）。
4. 完成后选择“保存”命令。

5 单击“浏览”按钮。

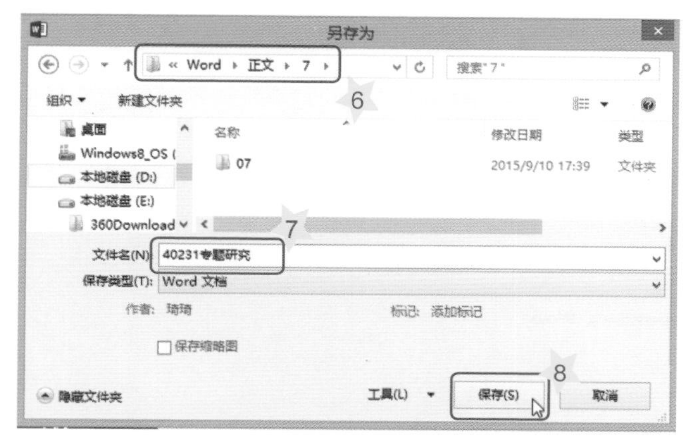

6 指定保存的文件夹位置。

7 输入“40231专题研究”文件名。

8 单击“保存”按钮。

三　编写主题与内容大纲

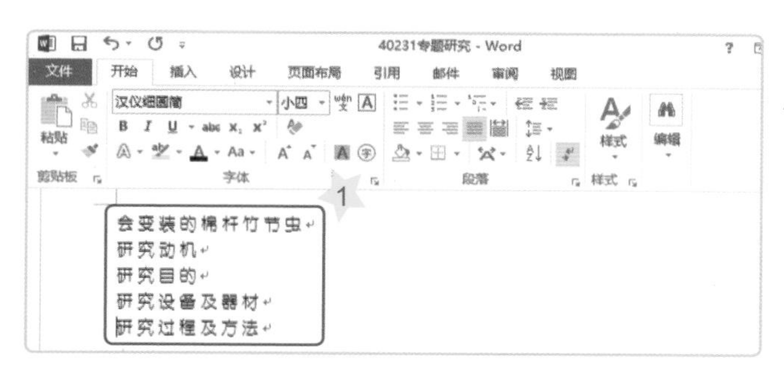

1 输入专题名称为“会变装的棉杆竹节虫”，然后输入内容大纲。

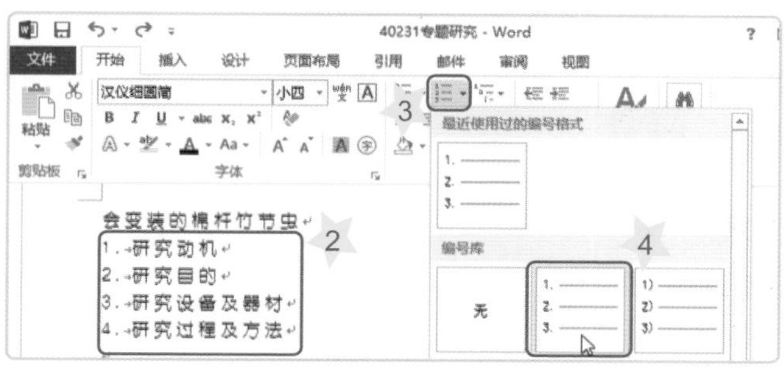

2 选取内容大纲。

3 单击 “编号”按钮的 按钮打开样式列表。

4 选择一种编号样式。

四 插入标题页

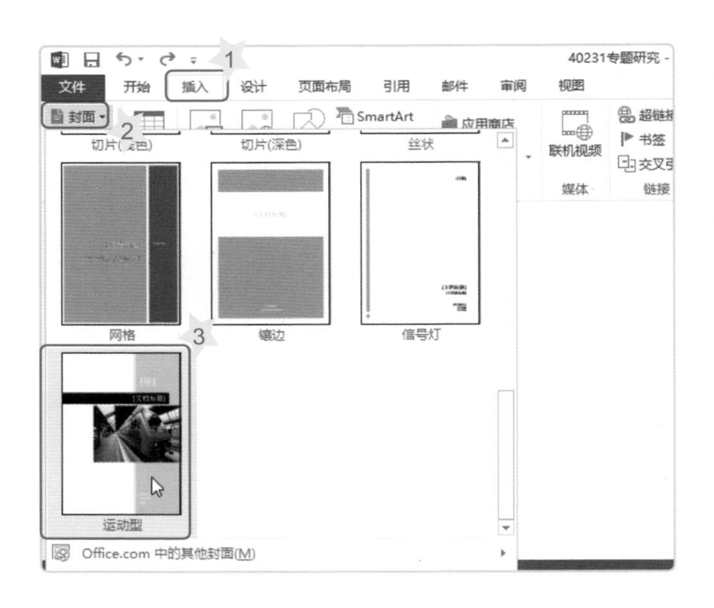

1. 单击“插入”功能选项卡。
2. 单击“封面”按钮。
3. 选择一种标题页样式。

五 编辑标题页

标题名称由文档信息自动产生

1. 单击“年”置入光标，然后单击 按钮打开日历列表。
2. 选择一个日期。

魔法棒

单击“年”对象的边框，然后按下 Delete 键可以删除对象。

3 选择标题对象。

4 选择一种字体样式。

标题文字及样式可以自己修改喔！

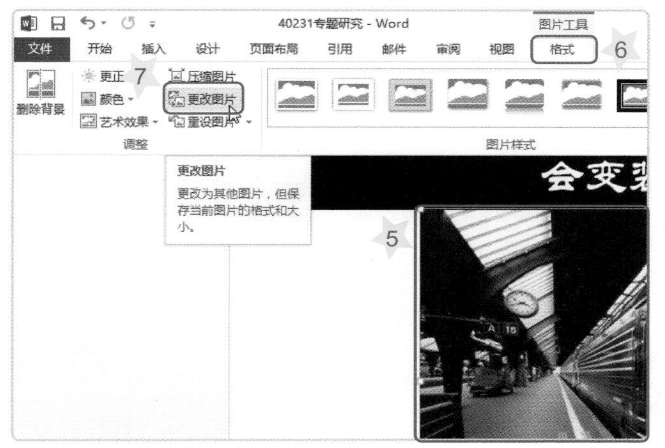

5 选择图片。

6 单击“图片工具”的“格式”关系型功能选项卡。

7 单击 更改图片 “更改图片”按钮。

8 单击“浏览”按钮。

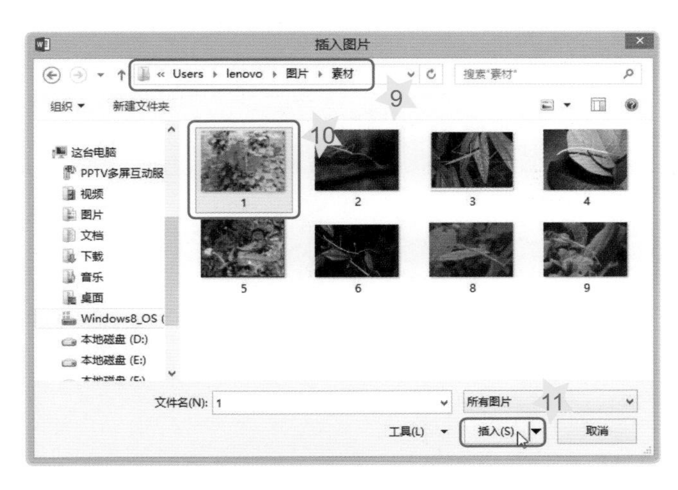

9 打开“Users\lenovo\图片\素材”文件夹。

10 选择一张图片。

11 单击“插入”按钮。

六 编辑图片效果

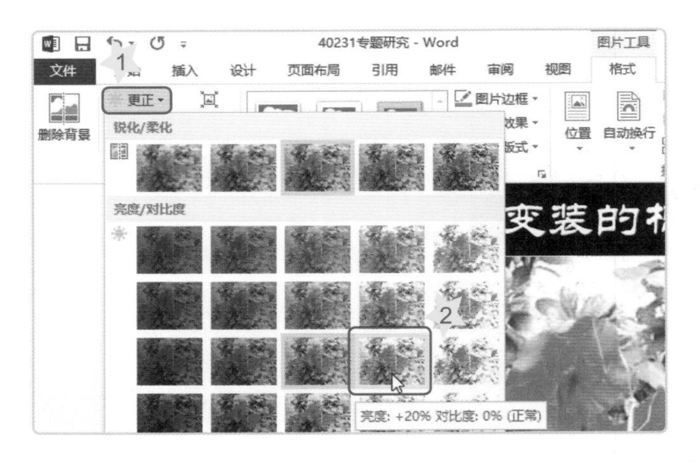

1 单击 更正▾ "更正"按钮打开样式列表。

2 选择一种样式缩略图。

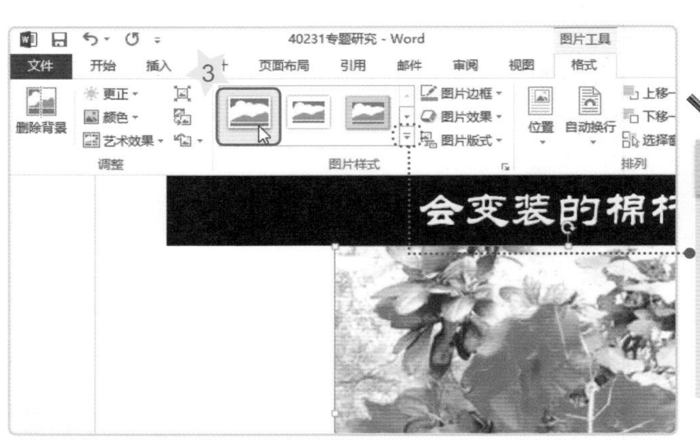

3 选择一种图片样式。

魔法棒

单击▾"其他"按钮，可以打开图片样式列表，有更多的选择喔！

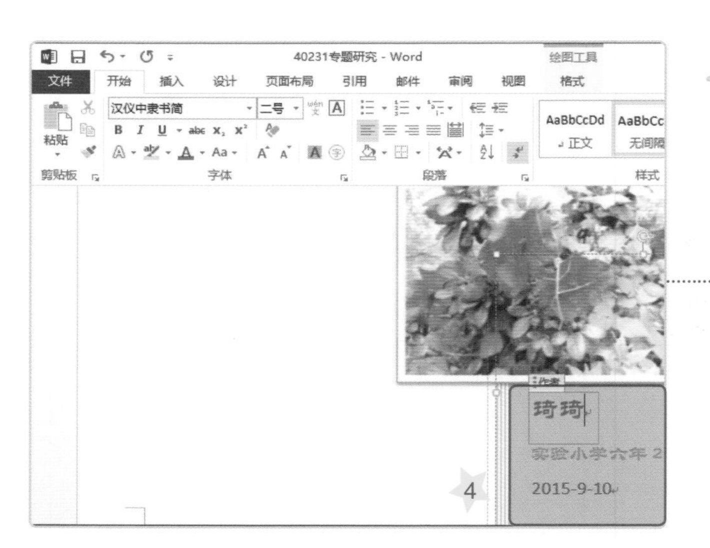

4 修改作者、日期等文字的样式。（可以自定义喔！）

修改后的图片样式

7-2 编写专题内容

专题报告的内容包含有文字、图片和图表等，而一篇好的专题报告，除了文章内容要有条理外，版面的设计也很重要喔！现在我们就一起来完成一篇图文并茂的专题报告。

一　输入专题内文

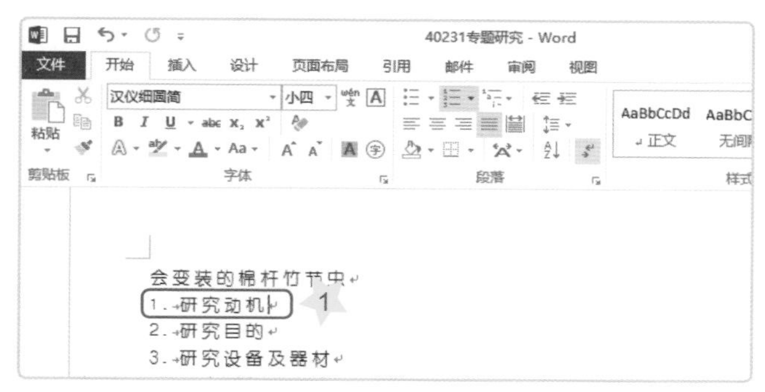

1 将光标插入点置于“研究动机”之后，然后按下 Enter 键插入一行。

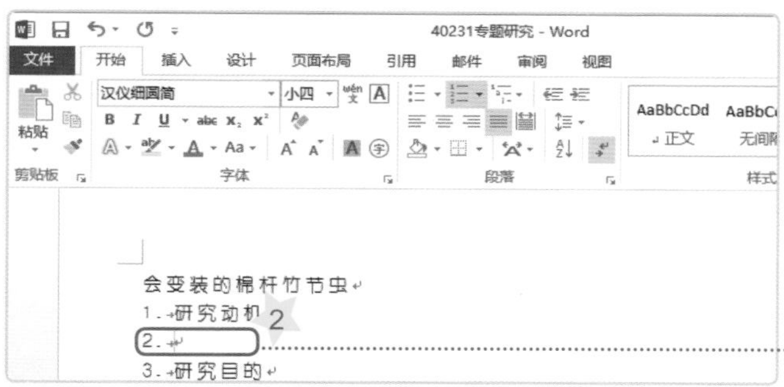

2 按下 Backspace 键删除默认编号。

大纲已设置项目编号，因此按下 Enter 键后会自动产生编号

会变装的棉杆竹节虫

1. 我们是学校蝴蝶园生态小组，我们在进行蝴蝶园游览解说时，发现芭乐叶的叶脉居然会移动，近看才发现是棉杆竹节虫，想起上自然课时，老师曾说大多数竹节虫是进行两性生殖，而棉杆竹节虫是以孤雌生殖的方式（只要有一只妈妈，不需要经由交配就可以繁殖下一代，并孵化出后代，了解棉杆竹节虫的生活习性后，我们做了观察记录及查阅资料，方便解答同学所提出的问题与疑问。）
2. 研究目的
3. 研究设备及器材

3 输入“研究动机”的内容。

输入同一段文字时，不可按下 Enter 键，它会自动换行喔！

魔法棒

专题报告的内容可以参考“素材\棉杆竹节虫”文件喔！

二 设置项目编号

1. 用相同方法输入“研究目的”的内容，然后选中文字范围。
2. 单击“项目编号”按钮的按钮。
3. 选择“1)、2)、3)”的项目编号。

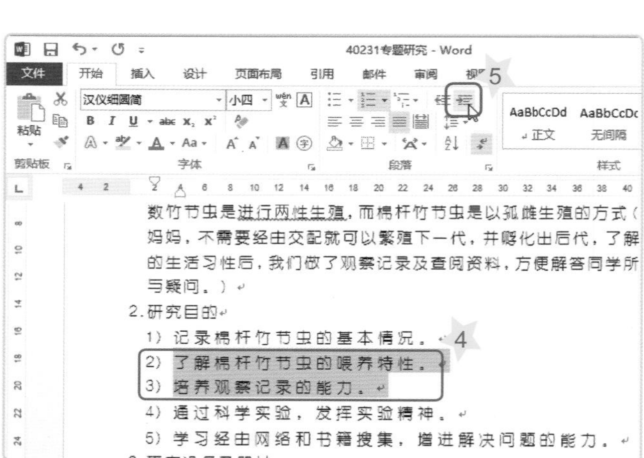

4. 输入研究过程的步骤并设置项目编号，然后选择“2)和3)”两个项目选项。
5. 单击“增加缩进量”按钮。

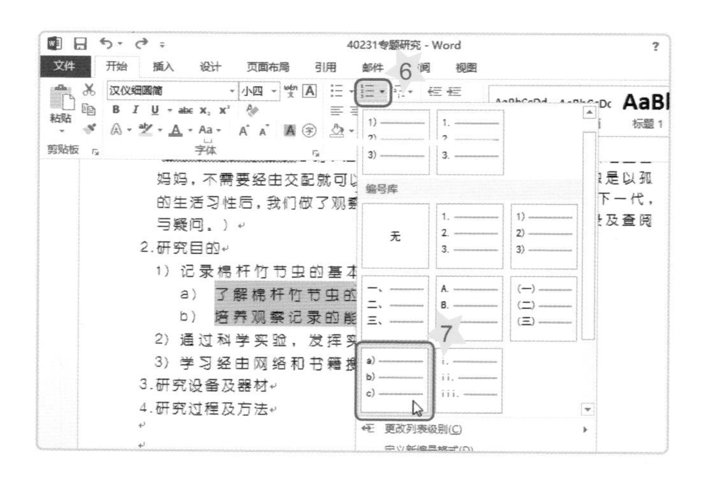

6. 单击“项目编号”按钮的按钮。
7. 选择“a).b).c).”的项目编号选项，以修改默认的编号。

三　调整段落缩进

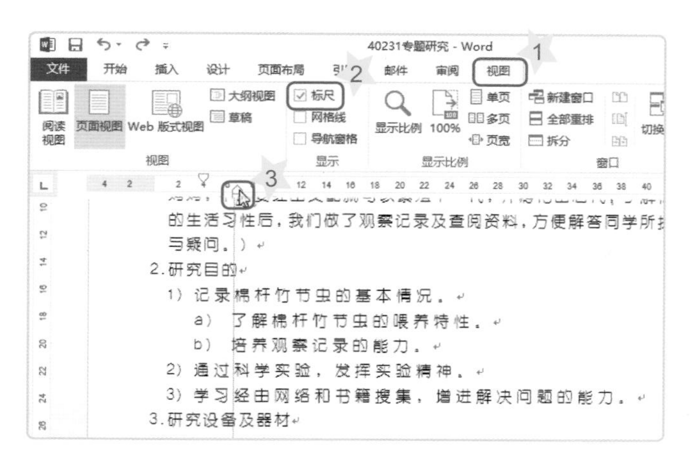

1 单击“视图”功能选项卡。

2 选择“标尺”选项。

3 向左拖曳△“悬挂缩进”按钮，以缩小编号与内容的距离。

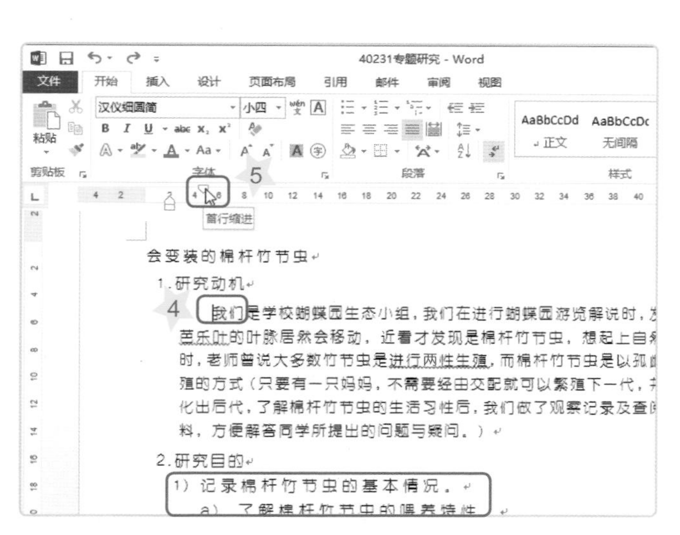

4 将光标插入点置于“研究动机”的内文段落上。

5 向右拖曳“首行缩进”按钮至2个字符的位置。

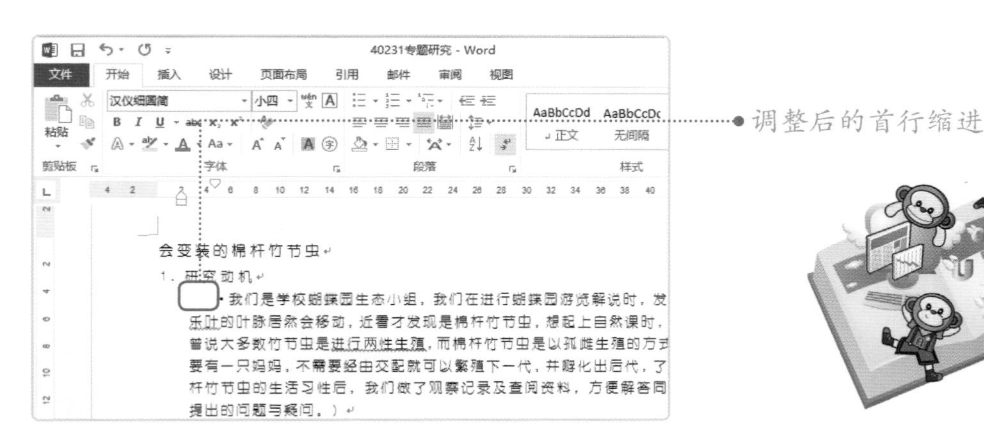

调整后的首行缩进

四 应用段落样式

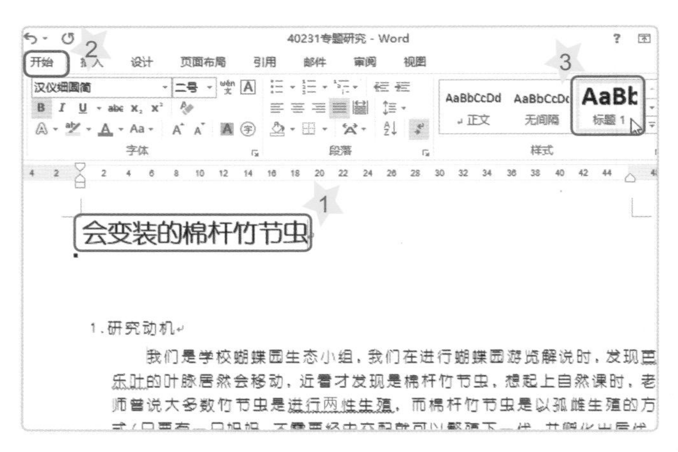

1. 将光标插入点置于专题名称的任意位置。
2. 单击“开始”功能选项卡。
3. 单击“标题 1”样式。

五 自定义段落样式

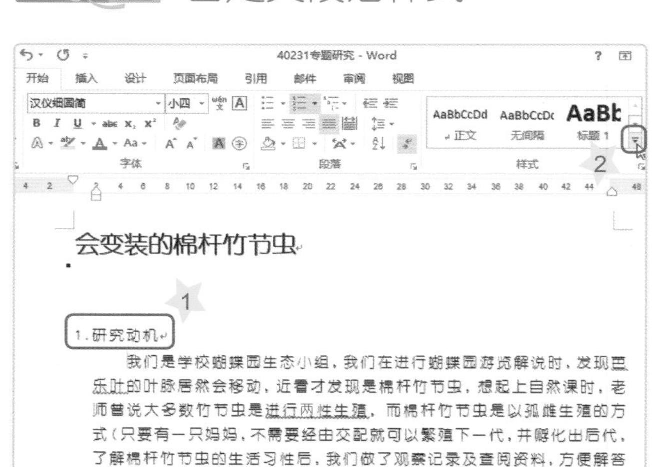

1. 将光标插入点置于“研究动机”的段落上。

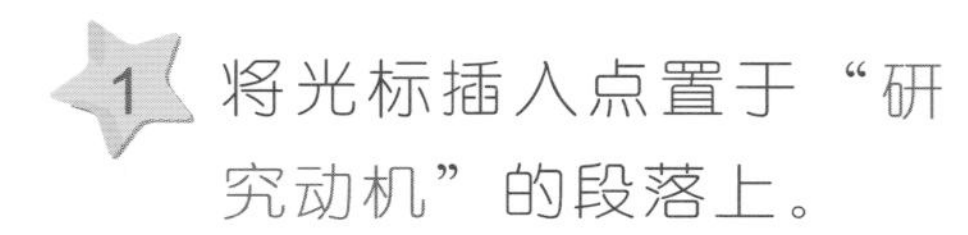

2. 单击“其他”按钮打开样式列表。

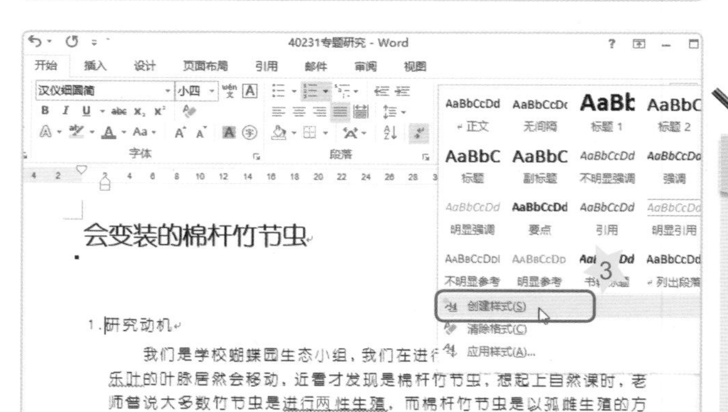

3. 选择“创建样式”选项。

魔法棒

已经设置项目编号的段落，应用新建的样式后，项目编号将会被删除。现在让我们自定义新样式喔！

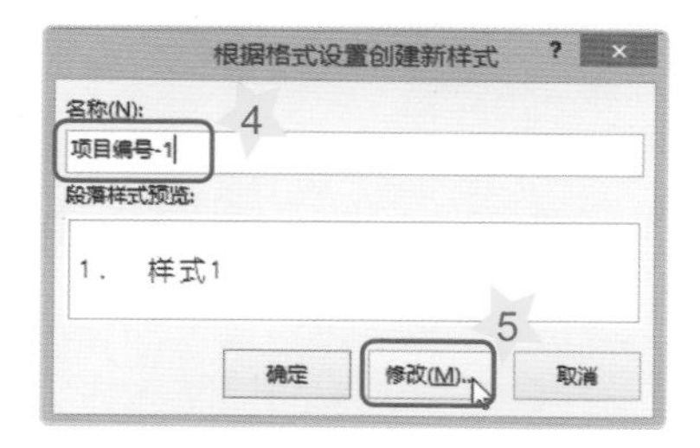

4 输入"项目编号-1"或其他名称。

5 单击"修改"按钮。

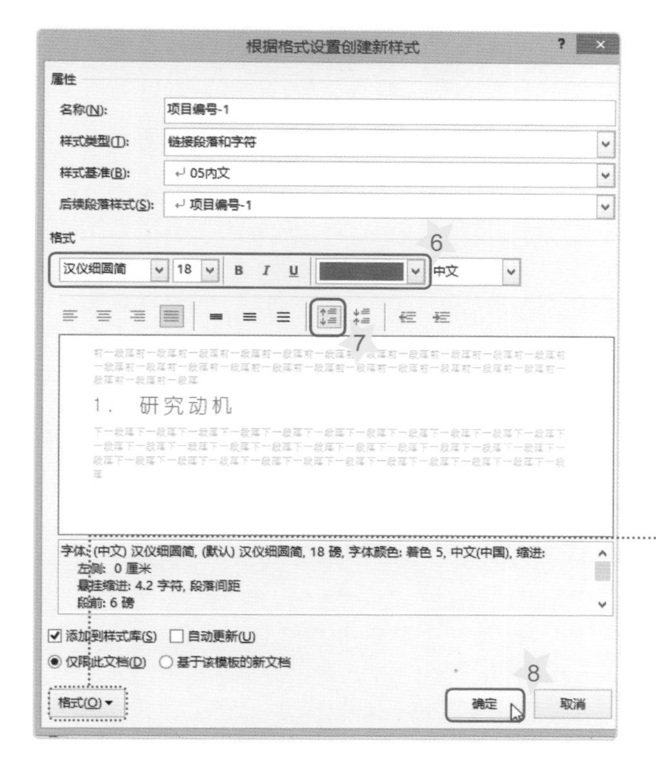

6 指定段落文字的字体、大小与颜色等格式。

7 单击"按钮"增加段落间距。

8 单击"确定"按钮。

这里还可以设置字体、段落、文字效果等格式喔!

9 将光标插入点置于"研究目的"的段落上。

10 单击"项目编号-1"样式，即可快速应用。

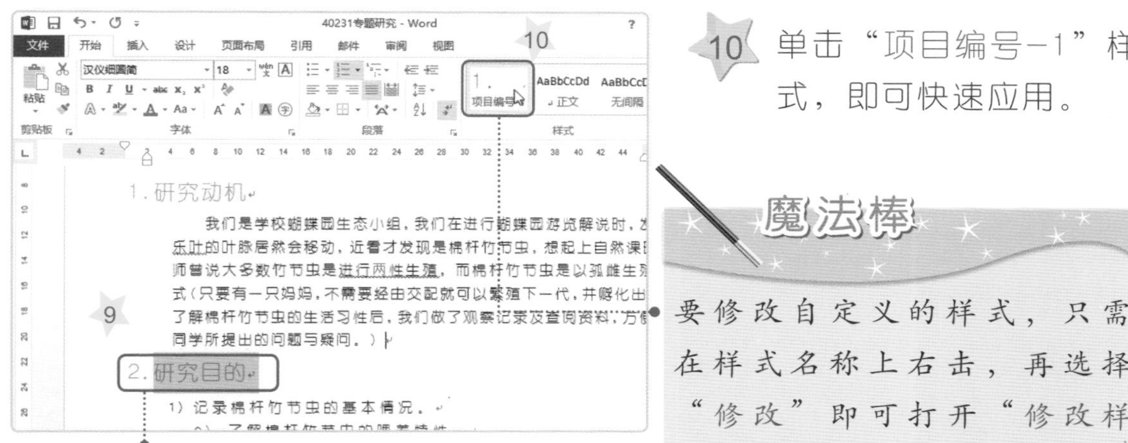

可用相同方法添加或应用其他内容的样式喔!

魔法棒

要修改自定义的样式，只需在样式名称上右击，再选择"修改"即可打开"修改样式"对话框。

7-3 表格与图案的应用

在这一节中，将在专题报告中加入表格数据与图案，并利用Word格式化表格来美化表格内容。

一 格式化表格

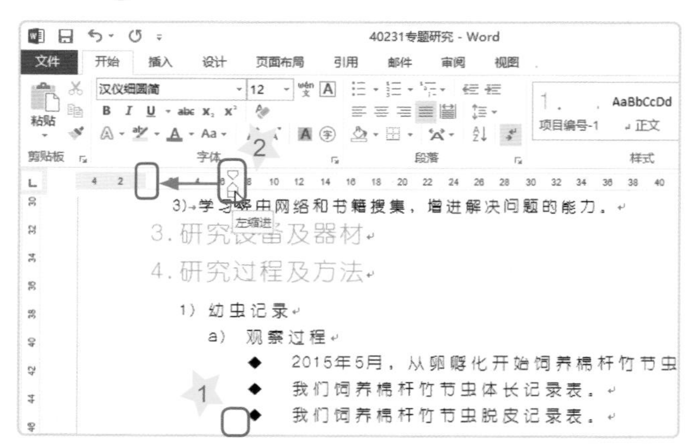

1 将光标插入点置于要插入表格的地方。

2 向左拖曳“左缩进”按钮，调整段落位置。

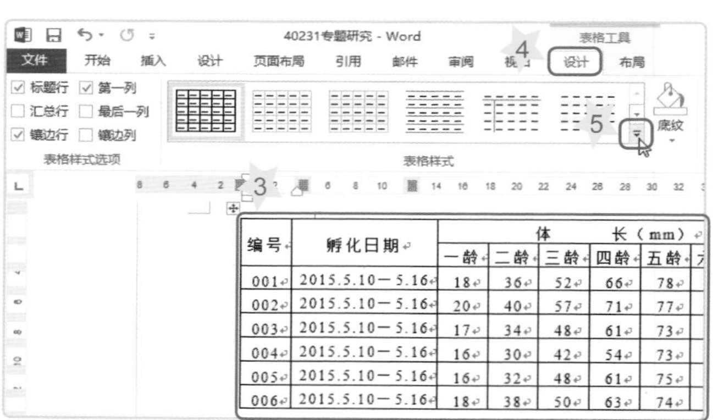

编号	孵化日期	体长（mm）				
		一龄	二龄	三龄	四龄	五龄
001	2015.5.10—5.16	18	36	52	66	78
002	2015.5.10—5.16	20	40	57	71	77
003	2015.5.10—5.16	17	34	48	61	73
004	2015.5.10—5.16	16	30	42	54	73
005	2015.5.10—5.16	16	32	48	61	75
006	2015.5.10—5.16	18	38	50	63	74

3 建立表格数据，并调整表格的行高与列宽。（自行完成喔！）

4 单击“表格工具”的“设计”关系型功能选项卡。

5 单击“其他”按钮打开样式列表。

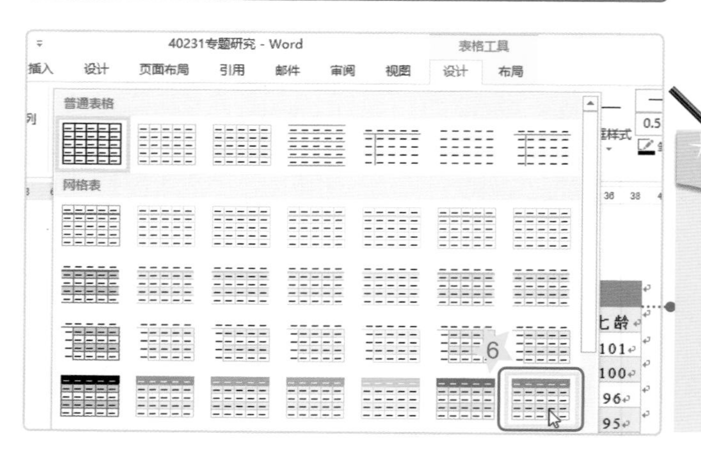

6 选择一种样式。

魔法棒

光标移至样式上方，可预览应用后的效果。满意时，再按下鼠标左键，即可快速应用。

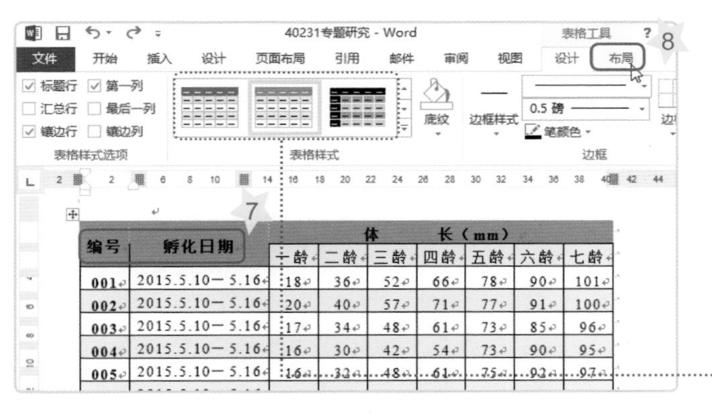

7 选中“编号”与“孵化日期”文字内容。

8 单击“表格工具”的“布局”关系型功能选项卡。

表格样式选项自己测试看看，有不一样的效果喔

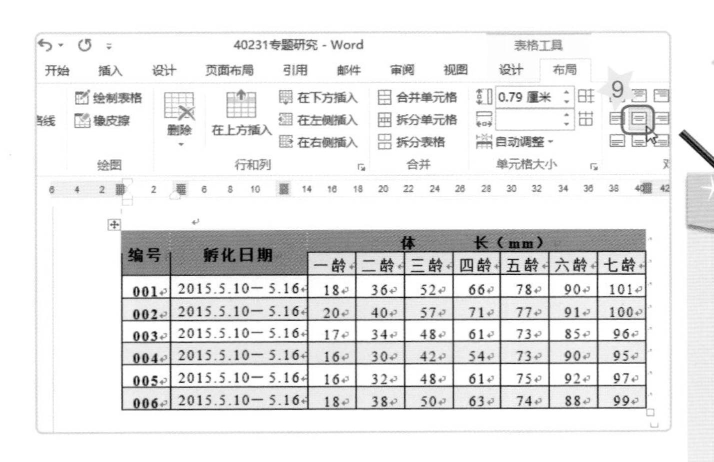

编号	孵化日期	体长（mm）						
		一龄	二龄	三龄	四龄	五龄	六龄	七龄
001	2015.5.10—5.16	18	36	52	66	78	90	101
002	2015.5.10—5.16	20	40	57	71	77	91	100
003	2015.5.10—5.16	17	34	48	61	73	85	96
004	2015.5.10—5.16	16	30	42	54	73	90	95
005	2015.5.10—5.16	16	32	48	61	75	92	97
006	2015.5.10—5.16	18	38	50	63	74	88	99

9 单击“水平居中”按钮。

魔法棒

应用表格样式后，还可以修改边框线与填充颜色，发挥你的创意自己修改看看啰！

二　插入SmartArt图形

Word的SmartArt图形能让你用图形化的方式呈现数据，以更有效率的方式传递信息，现在我们就来建立SmartArt图形。

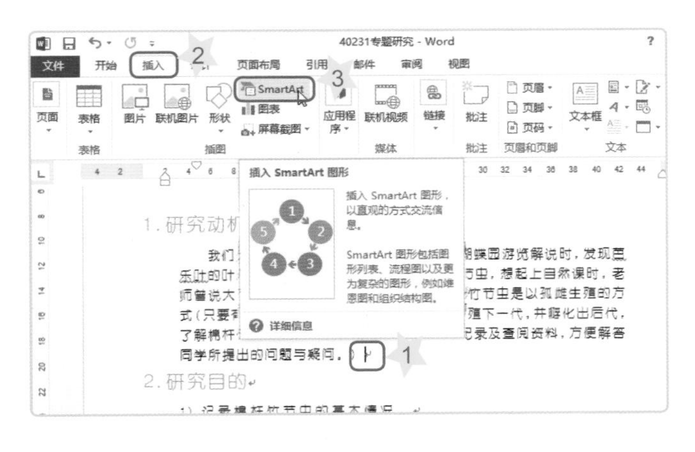

1 将光标插入点置于要插入SmartArt图形的地方。

2 单击“插入”功能选项卡。

3 单击 SmartArt... 按钮。

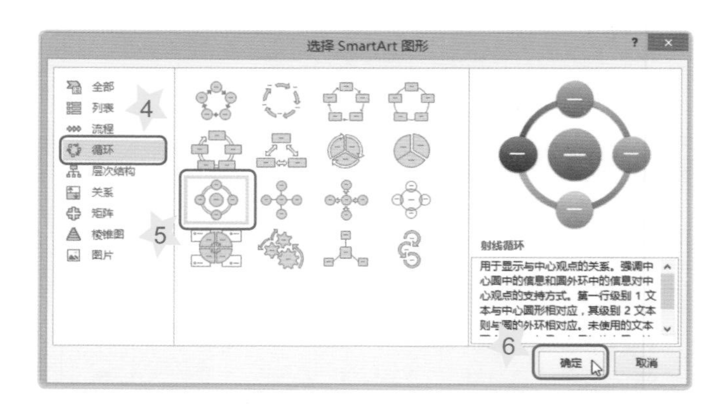

4 选择“循环”命令。

5 选择“射线循环”选项。

6 单击“确定”按钮。

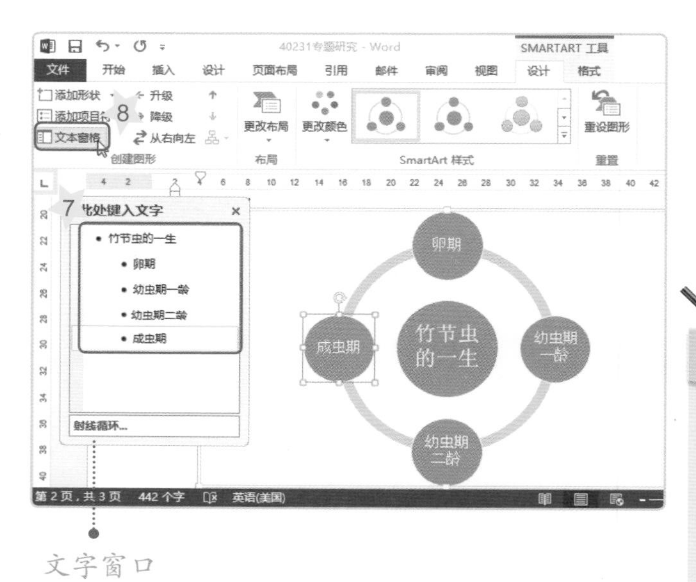

文字窗口

7 输入“竹节虫的一生”等项目文字。

8 单击 文本窗格 按钮，可显示或隐藏文字窗格。

魔法棒

输入后按下 Enter 键可增加一个项目；单击 ← 升级 或 → 降级 可调整项目层级。

9 单击按钮可显示文字窗口。

10 拖曳控制点可调整图片大小。

三 格式化SmartArt图形

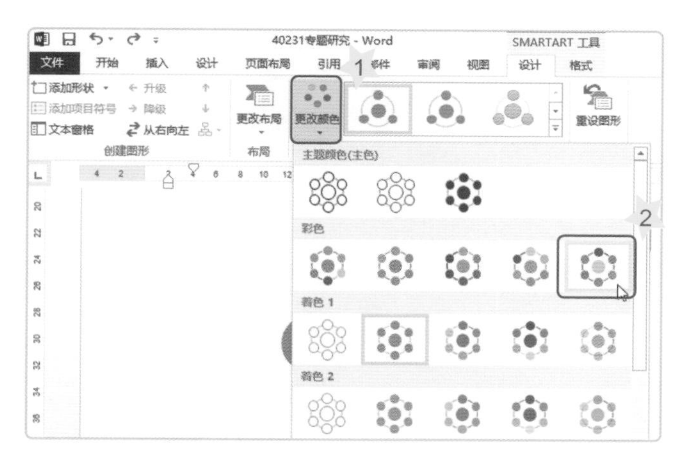

1 单击“更改颜色”按钮。

2 选择一种颜色样式。

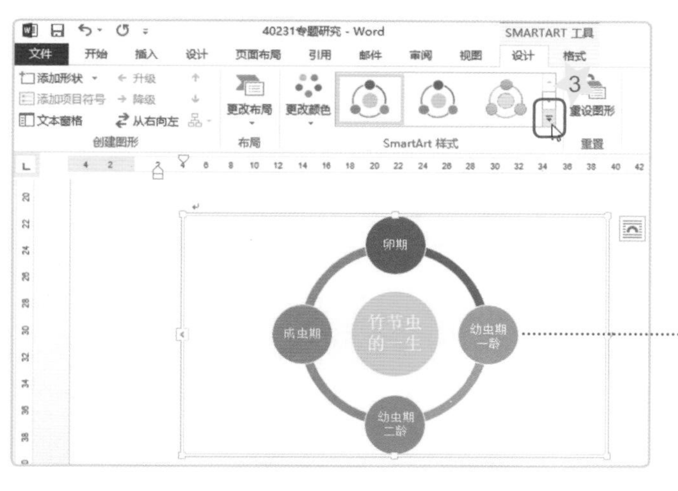

3 单击“其他”按钮打开样式列表。

已应用颜色样式

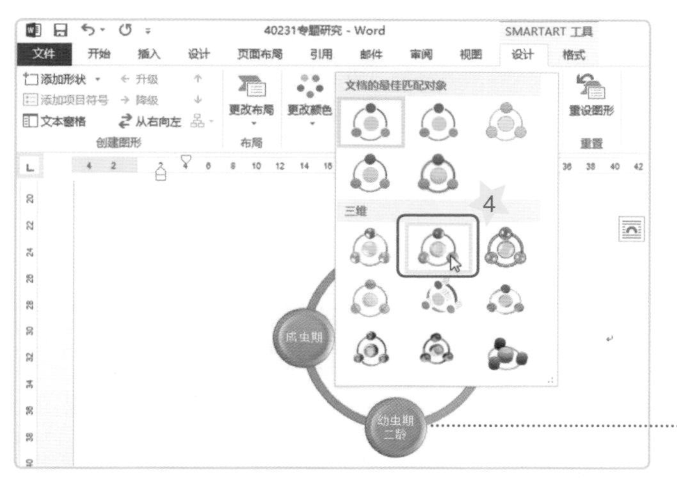

4 选择一种三维样式。

可预览应用后的效果

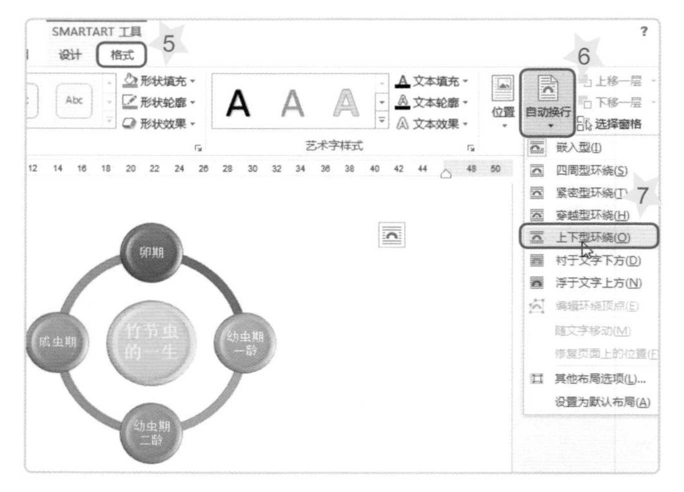

5 单击"SMARTART工具"的"格式"关系型功能选项卡。

6 单击"自动换行"按钮。

7 选择"上下型环绕"选项。

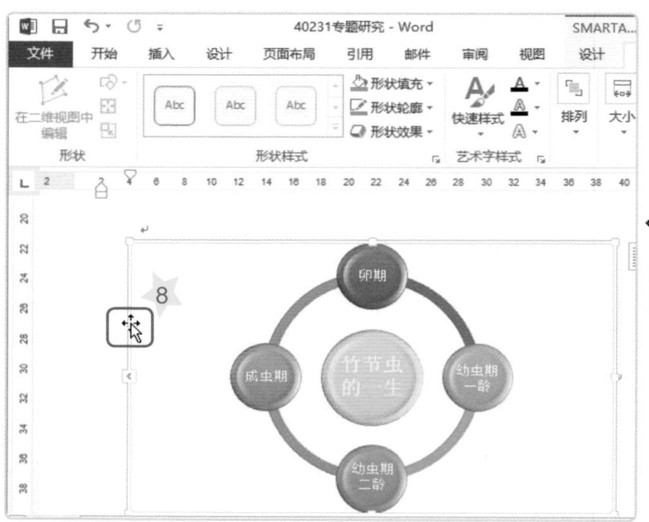

8 拖曳边框线移动图形的位置。

魔法棒

SmartArt图形的默认排列方式是"嵌入型"，比较不容易被移动位置。

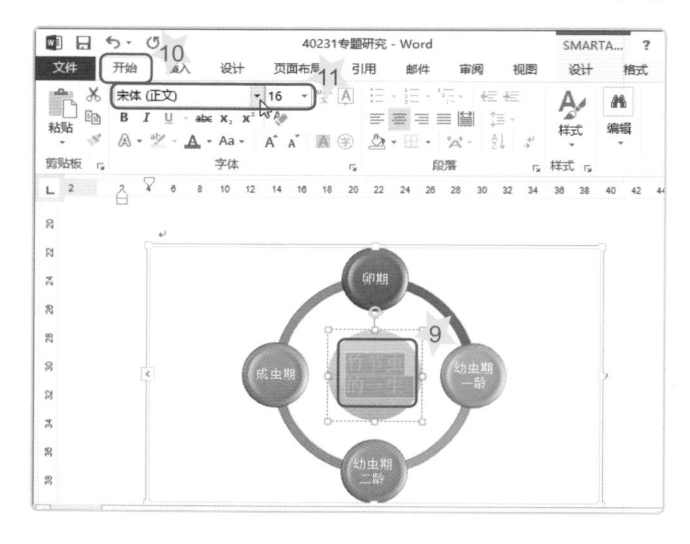

9 选择文字范围。

10 单击"开始"功能选项卡。

11 选择文字的字体样式与大小。

四　图片与文字的排列

在前面几课里，我们都将图片设置为“衬于文字下方”或“浮于文字上方”的排列方式。在这一节中，要将图片视为“文字”一起排列版面。

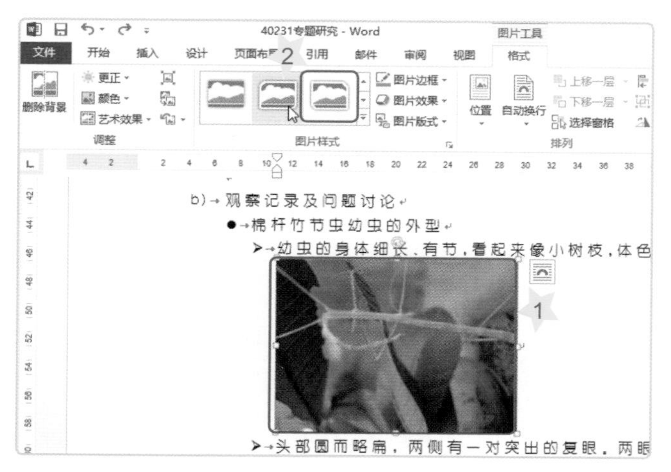

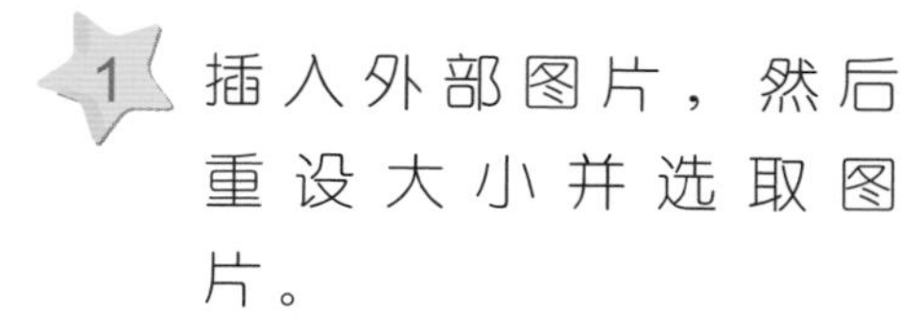

1 插入外部图片，然后重设大小并选取图片。

2 选择一种样式。

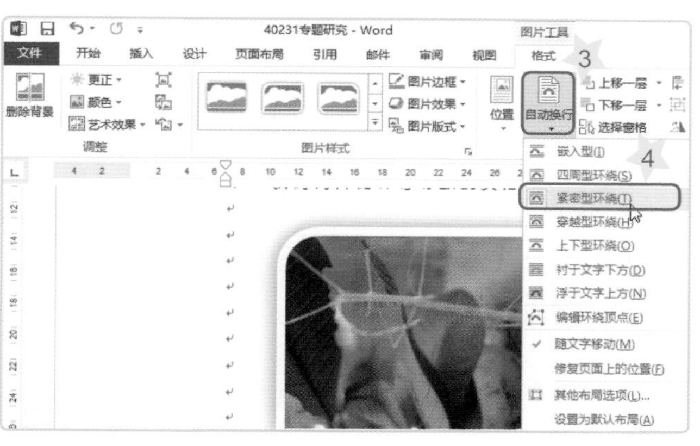

3 单击“自动换行”按钮。

4 选择“紧密型环绕”选项。

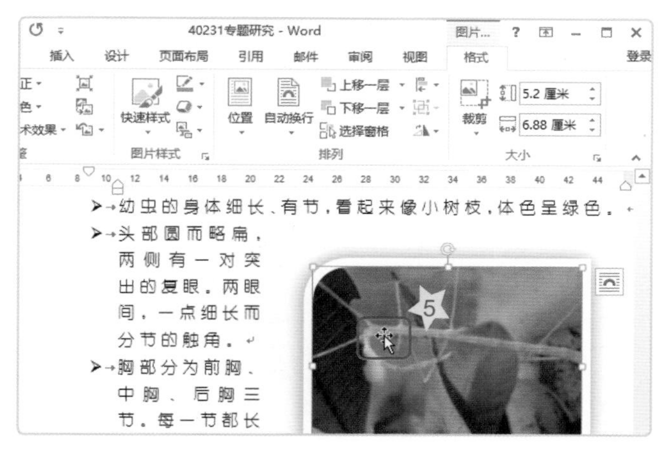

5 拖曳图片调整文字与图片的排列位置。

7-4 页眉及页脚的设置

“页眉”是显示在文件各页的顶端，可以包含文字或图形；“页脚”显示在各页的底端，通常用来放置页码。现在就利用“页眉及页脚”的功能，在专题内容的各页插入“页眉”和“页脚”（不包含封面）。

一 美化标题文字

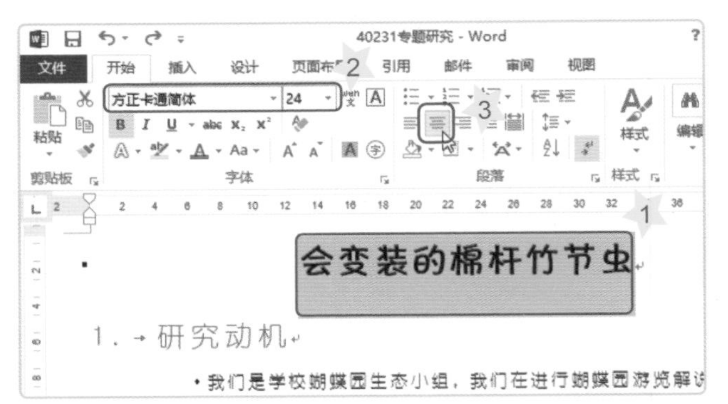

1 选中标题文字。

2 指定字体样式与大小。

3 单击“居中”按钮。

4 单击“文字效果”按钮打开样式列表。

5 选择一种效果样式。

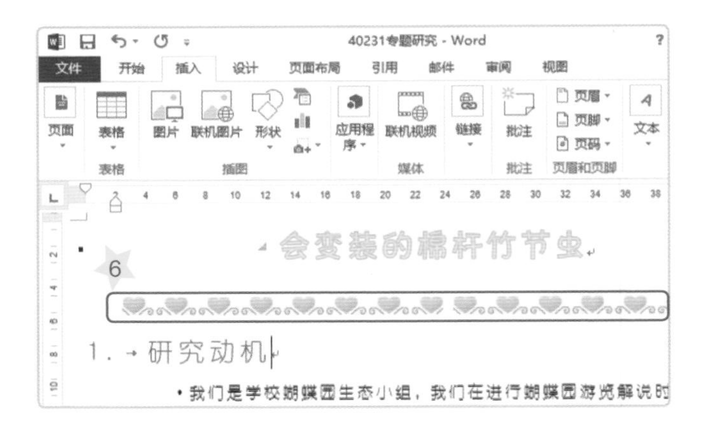

6 插入分隔线或其他图片来进行美化。

二 插入页眉

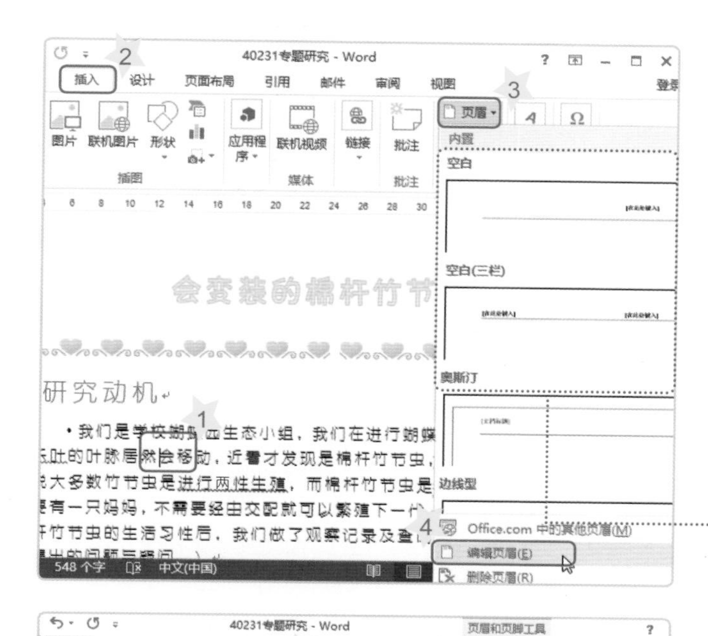

1. 将光标插入点置于内容页。
2. 单击“插入”功能选项卡。
3. 单击 页眉 按钮。
4. 选择“编辑页眉”选项。

可以直接选用页眉样式模板

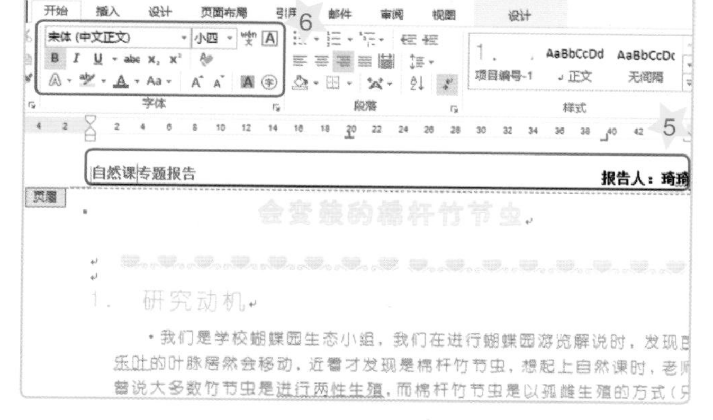

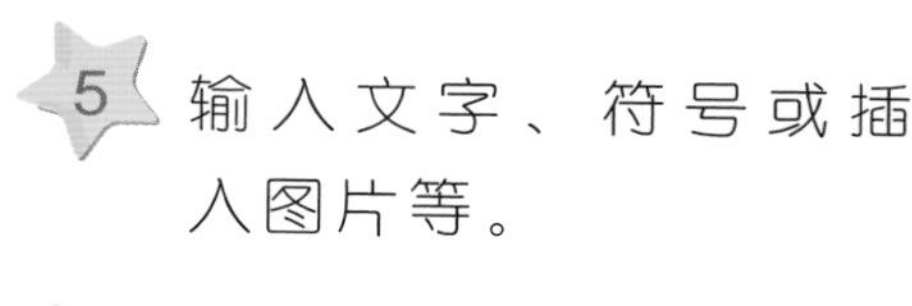

5. 输入文字、符号或插入图片等。

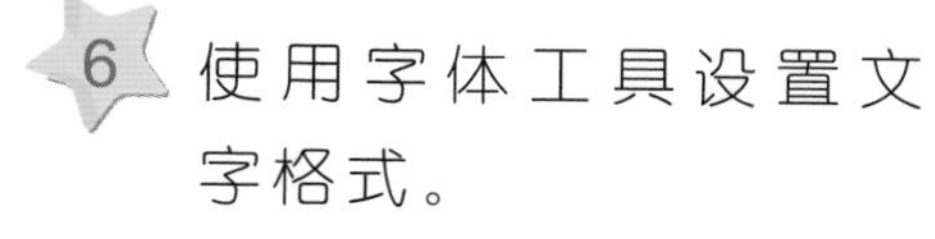

6. 使用字体工具设置文字格式。

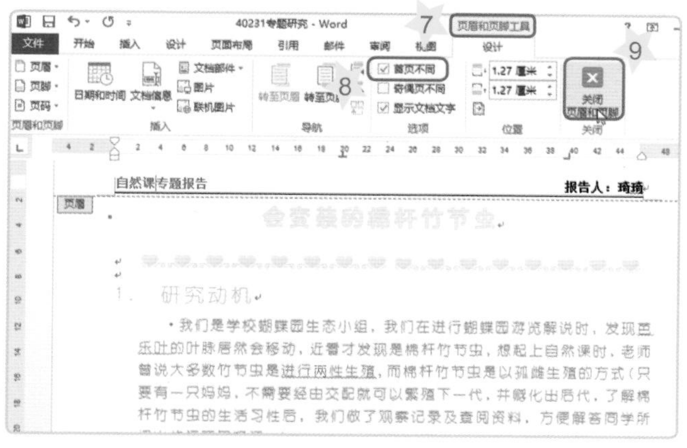

7. 单击“页眉和页脚工具”的“设计”关系型功能选项卡。
8. 选择“首页不同”选项。
9. 单击“关闭页眉和页脚”命令。

三 插入页码

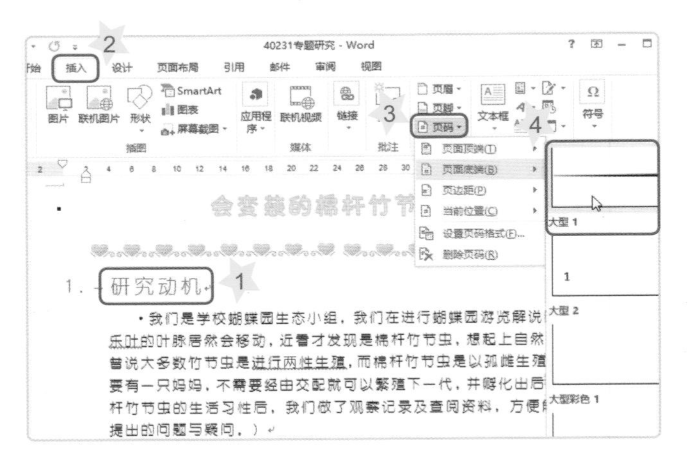

1 将光标插入点置于内容页。

2 单击“插入”功能选项卡。

3 单击 页码 按钮。

4 光标移至“页面底端”选项，再选择一种样式。

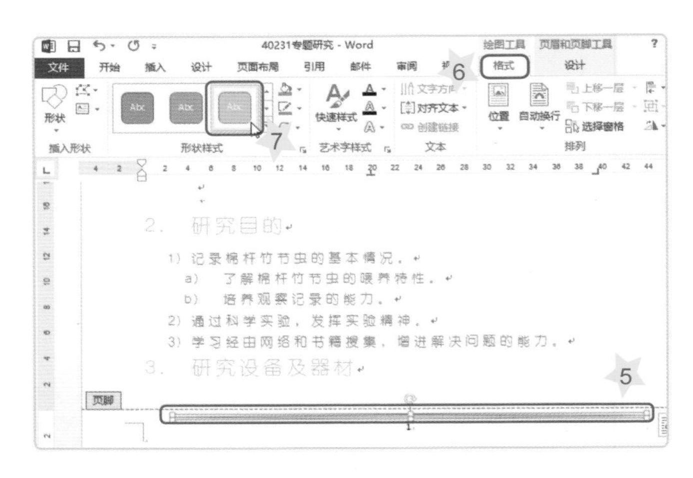

5 选择图形对象。

6 单击“绘图工具”的“格式”关系型功能选项卡。

7 选择一种形状样式。

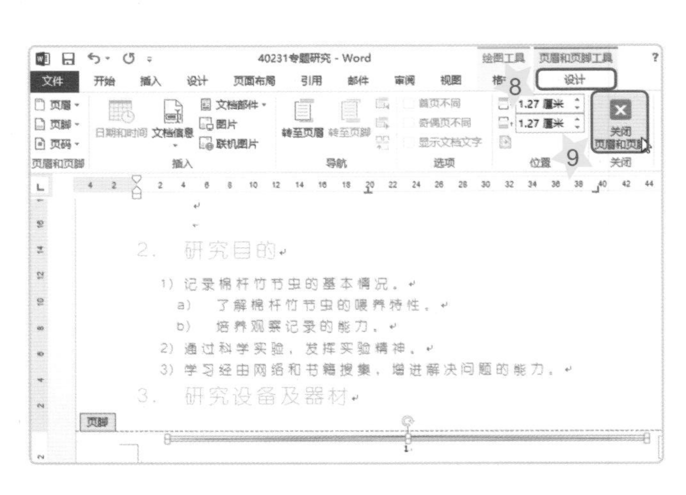

8 单击“页眉和页脚工具”的“设计”关系型功能选项卡。

9 单击“关闭页眉和页脚”按钮。

升级箱

如果要将文件的版面设置为“分栏”，可以依照下列步骤操作：

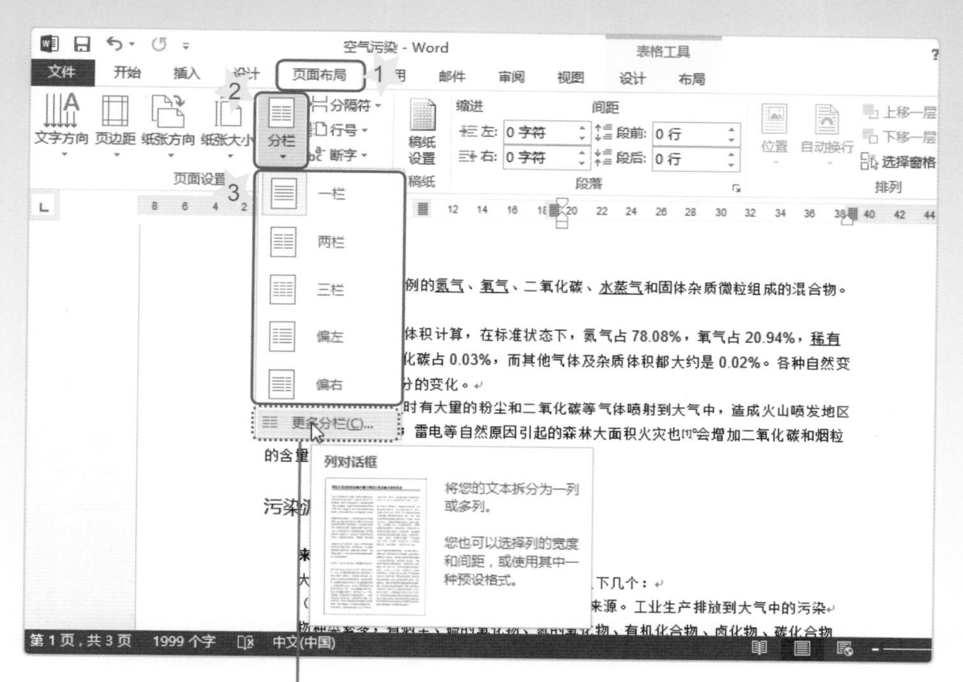

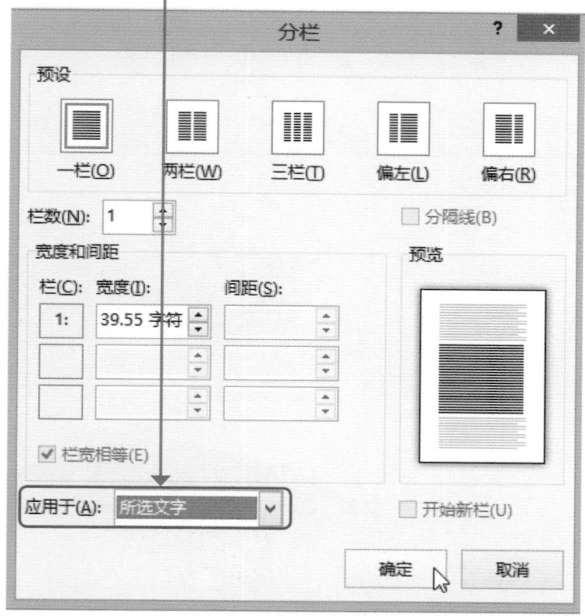

换你做做看

打开“图片\素材\空气污染”文件，然后完成以下工作：

（1）美化表格样式。

（2）将文件内图片做“自动换行”排列。

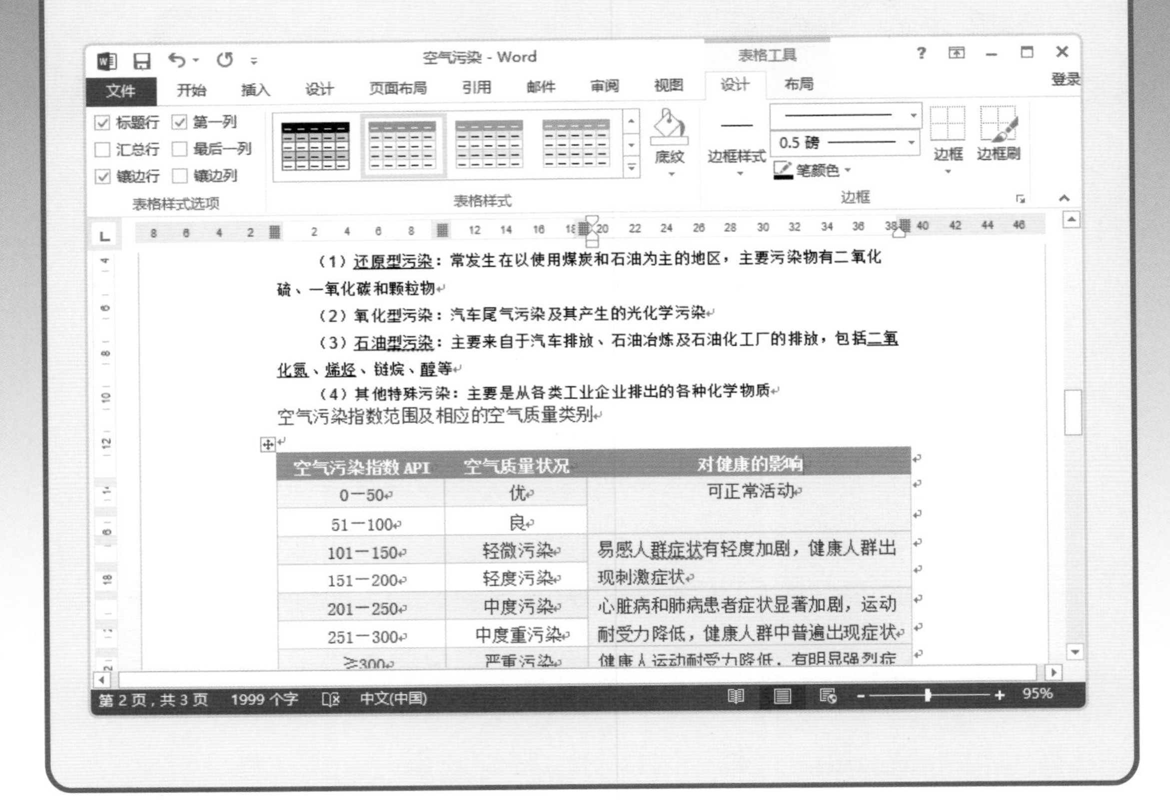

能使用“文本绕排”来编排文档版式

能设置单元格与边框线的颜色

能居中对齐单元格内的文字

能应用表格样式美化版面

第8课 云端硬盘初体验

学习目标

1. 申请与登录 Microsoft 账户
2. 更改个人头像
3. 储存文件于SkyDrive
4. 使用 Office 在线模板
5. 变更Office背景与主题

8-1 申请Microsoft账户

Word 2013提供强大的云端功能，整合Microsoft的SkyDrive。让 SkyDrive能够发挥它真正的功能，成为Office文件中心，而不只是单纯的云端储存空间而已。在Word 2013中，所有的文件都可以储存在SkyDrive 中，让SkyDrive可以在计算机联机时，将文件同步到云端中。

Word 2013的新云端功能，需要以用户的Windows Live账号作为同步之用。现在就去申请Windows Live账号，以体验Word 2013的云端功能。

一 添加到收藏夹

1. 打开IE浏览器，接着在地址栏上输入“https://login.live.com”，然后按下Enter键。
2. 单击 添加到收藏夹 “查看收藏夹、源和历史记录”按钮，再单击“添加到收藏夹”按钮。
3. 输入相应的“名称”、“创建位置”后，单击“添加”按钮。

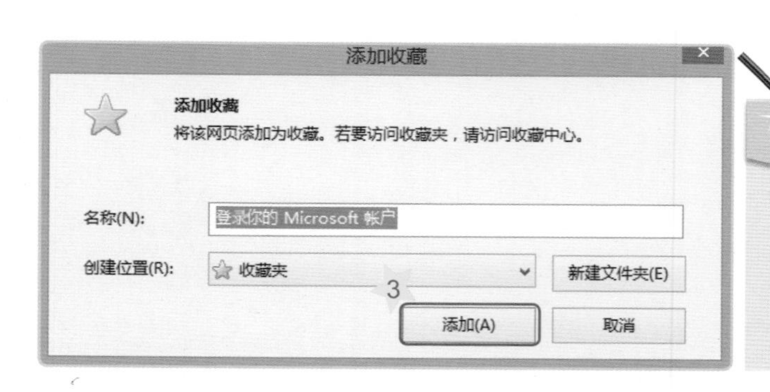

魔法棒

把经常浏览的网站添加到“收藏夹”中，方便以后快速打开这个网站。

二　填写注册账号窗口

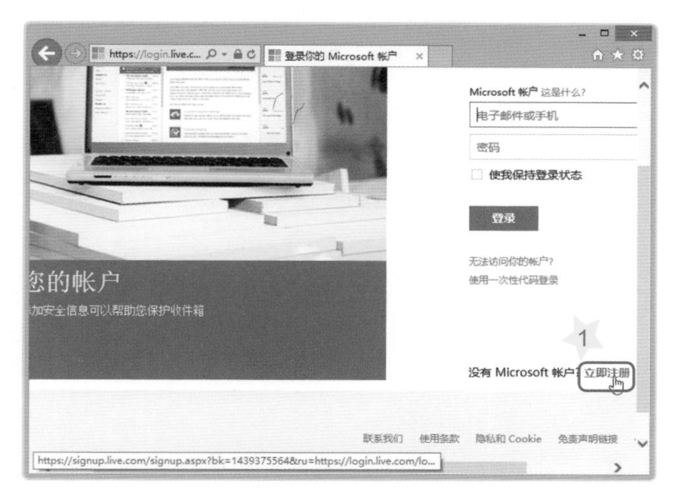

1 单击“立即注册”按钮。

2 填写姓名等相关内容。

3 单击“获取新的电子邮件地址”的链接。

4 输入自定义的账号（用户名）名称。

5 单击▾按钮打开列表，再选择“outlook.com”或“hotmail.com”。

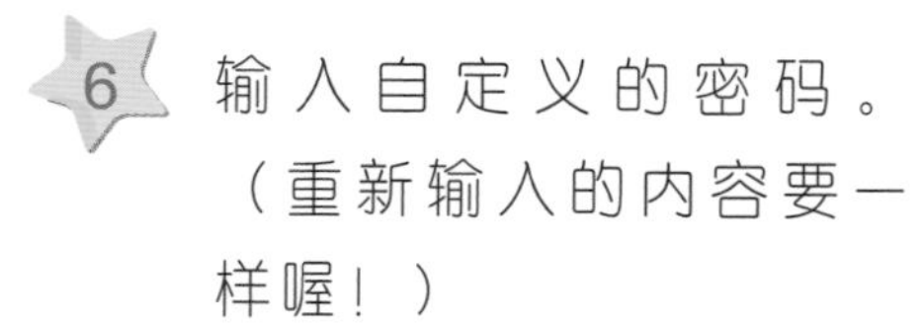

6 输入自定义的密码。（重新输入的内容要一样喔！）

7 输入备用电子邮件地址。

不建议输入电话号码

没有电子邮件者可输入“test@gmail.com”

https://signup.live...
Microsoft 帐户
国家/地区代码
中国 (+86)
电话号码
备用电子邮件地址
gotop2013@163.com
在继续之前，我们需要确认创建帐户的是一个真实的人。
8
刷新字符
音频
输入你看到的字符
WK8JGQ
向我发送 Microsoft 提供的促销信息。你可以随时取消订阅。
单击"创建帐户"即表示你同意 Microsoft 服务协议以及隐私和 Cookie 声明。
创建帐户
9

8 输入验证字符。

9 单击“创建账户”按钮。

三　更改个人头像

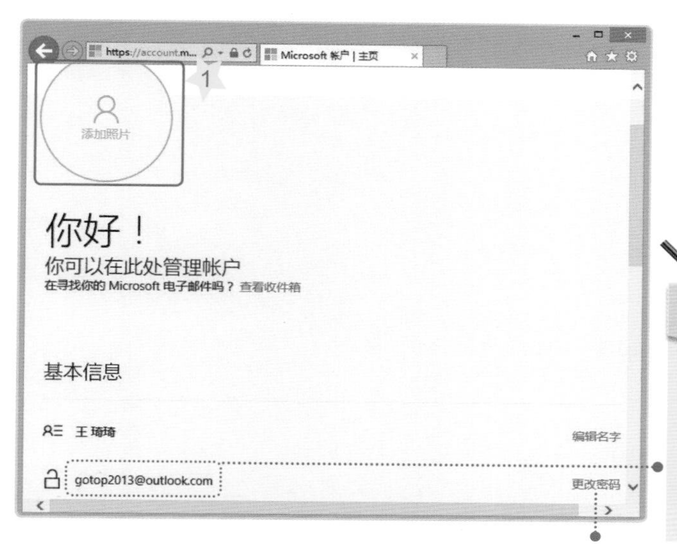

1 单击“添加照片”图标。

魔法棒

这是你在Microsoft网站的完整账户名称，要记住喔！

按下可更改密码

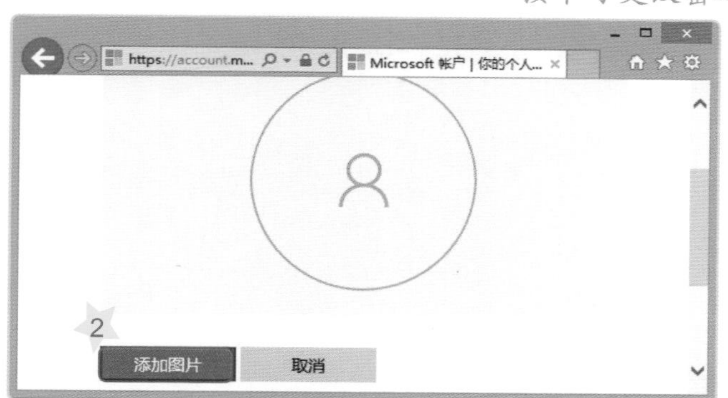

2 单击“添加图片”按钮。

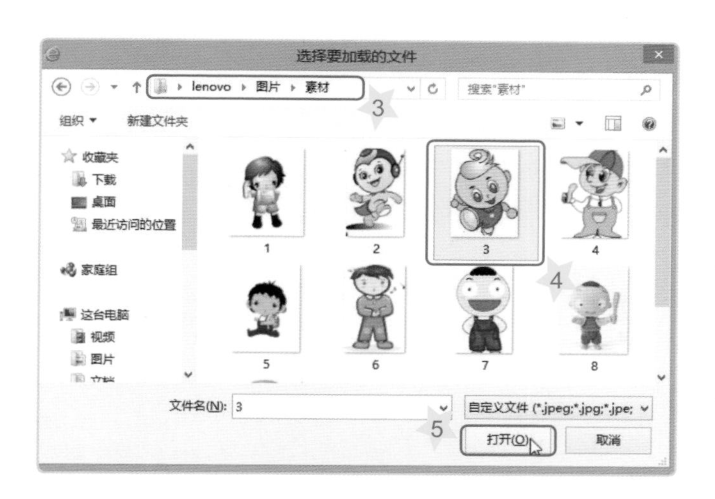

3 打开“lenovo\图片\素材”或其他文件夹。

4 选择一张图片。（可以用自己的相片喔！）

5 单击“打开”按钮。

6 拖曳图片以选择要显示的区域。

7 选定后，单击“保存”按钮。

8 单击姓名或头像展开列表。

9 单击“注销”按钮。

魔法棒

网站使用后，离开时一定要执行“注销”，避免账户遭人盗用喔！

四 登录Microsoft 账户

1 打开IE浏览器，接着单击 添加到收藏夹 “查看收藏夹、源和历史记录”按钮。

2 选择“登录你的Microsoft账户”选项。

3 输入你的Microsoft账户及密码。

4 单击“登录”按钮。

5 依个人需求，修改个人信息等相关设置值。

6 单击“你的信息”按钮。

7 单击“注销”按钮。

8-2 使用云端硬盘

Word 2013支持云端功能，让你轻松将文件档案储存于SkyDrive（云端硬盘）中。不论在何时何地，你都能通过网络在Word 2013中编辑云端硬盘内的文件。

一 登入SkyDrive

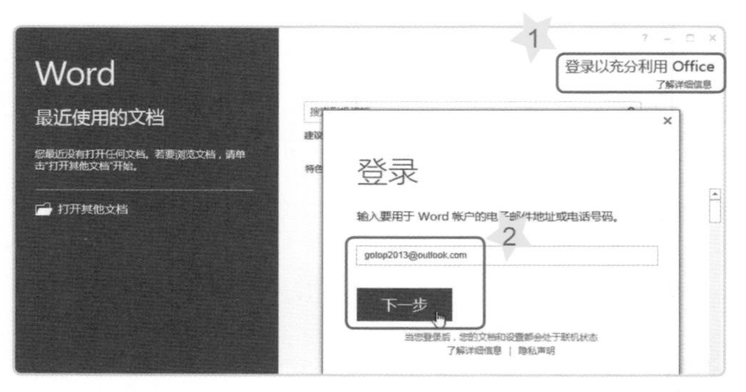

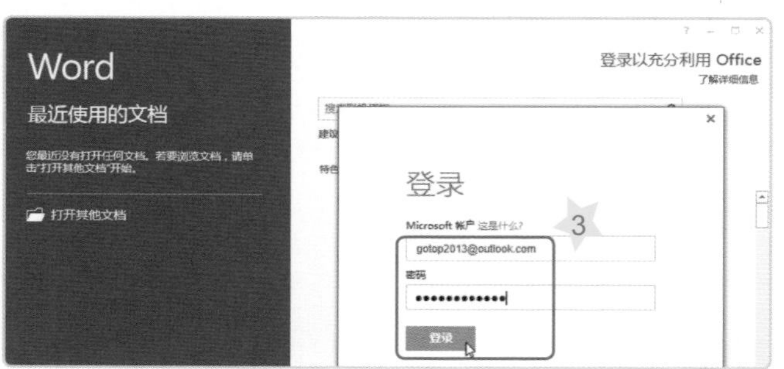

1. 启动Word 2013，然后选中“登录以充分利用Office”。
2. 输入电子邮件地址，然后单击“下一步”按钮。
3. 输入密码，然后单击“登录”按钮。

二 打开在线示例

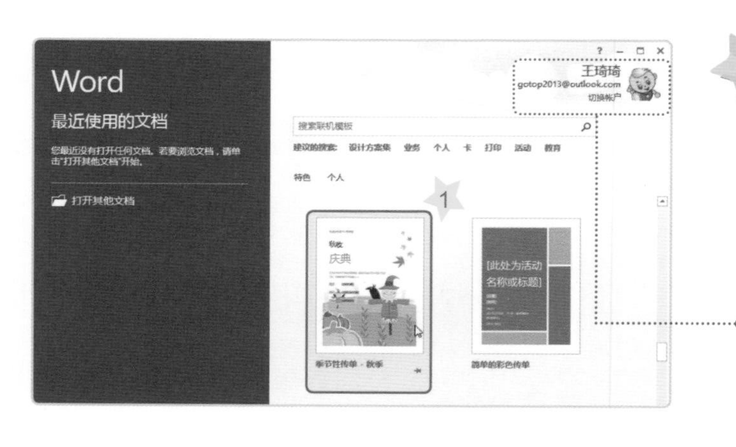

1. 选择“活动传单”或其他模板。（也可以直接单击“空白文稿”打开新文件。）

已登录SkyDrive

2 单击“创建”图标，打开新文件。

三 保存文件于SkyDrive

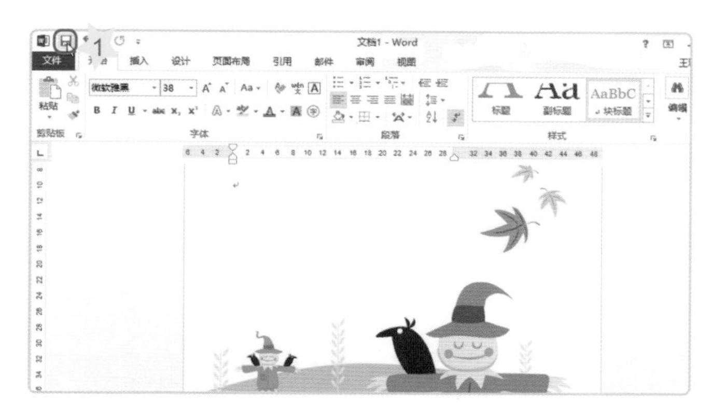

1 单击 “保存”按钮。

2 选中“OneDrive-个人”。

3 单击“浏览”图标。

4 双击“文档”文件夹。

这是你的云端硬盘内默认的文件夹，也可以在这里右击打开快捷菜单，以添加文件夹。

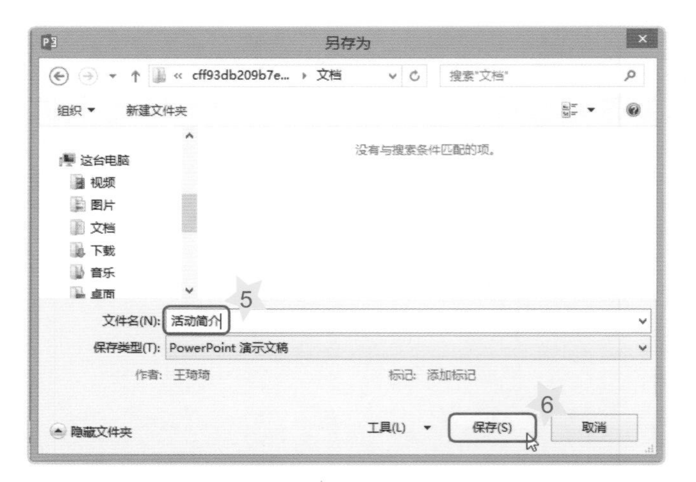

5 输入文件名。

6 单击“保存”按钮。

四 注销SkyDrive

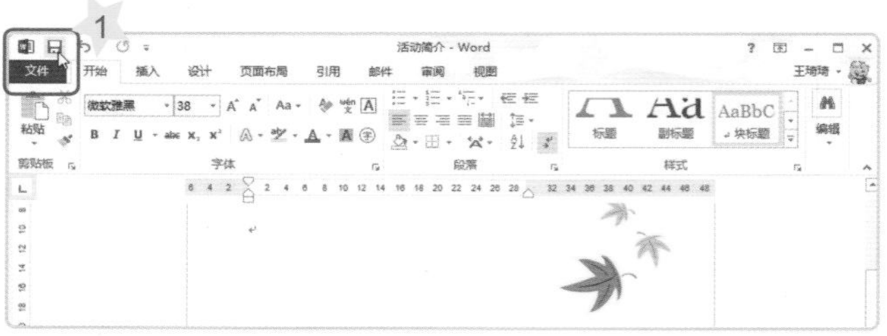

1 单击 “保存”按钮，再单击“文件”功能选项卡。

2 选择“账户”命令。

3 单击“注销”按钮。

魔法棒

结束Word 2013编辑工作时，一定要执行“注销”，以免SkyDrive内的文件被打开。

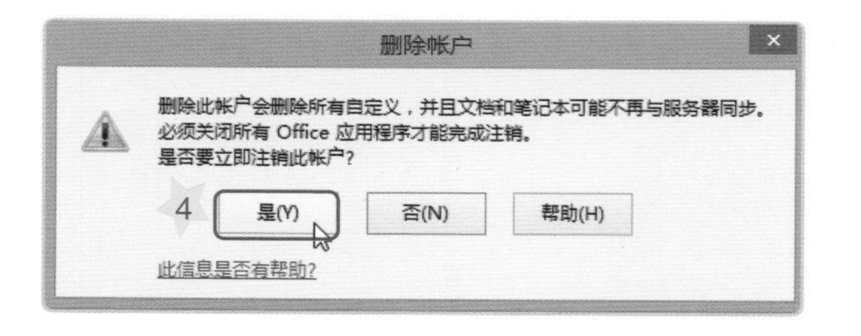

4 单击“是”按钮。

升级箱

Office 2013提供多种背景与主题，让你轻松设置个性化的窗口界面。操作时，请先登录SkyDrive：

内 容 提 要

本书以学生的学习和生活经验为题材，着力培养他们的创新与应用能力，在实例中融入语文、外语、自然等相关课程，通过简便的Word操作，制作出“英语单词卡片”“创意海报”“课程表”等学习生活中必备的应用素材。让孩子在玩中学，学中玩，轻松掌握电脑基础操作的同时，培养良好的学习习惯及创新思维能力。

北京市版权局著作权合同登记号：图字01-2015-6280号

图书在版编目（CIP）数据

跟孩子一起玩Word / 碁峰资讯著. -- 北京 : 中国水利水电出版社，2016.1
（AKILA魔法教室）
ISBN 978-7-5170-3793-4

Ⅰ. ①跟… Ⅱ. ①碁… Ⅲ. ①文字处理系统－少儿读物 Ⅳ. ①TP391.12-49

中国版本图书馆CIP数据核字(2015)第260123号

书　名	AKILA魔法教室 跟孩子一起玩Word
作　者	碁峰资讯　著
出版发行	中国水利水电出版社 （北京市海淀区玉渊潭南路1号D座　100038） 网址：www.waterpub.com.cn E-mail：sales@waterpub.com.cn 电话：（010）68367658（发行部）
经　售	北京科水图书销售中心（零售） 电话：（010）88383994、63202643、68545874 全国各地新华书店和相关出版物销售网点
排　版	北京零视点图文设计有限公司
印　刷	北京市雅迪彩色印刷有限公司
规　格	184mm×260mm　16开本　10印张　196千字
版　次	2016年1月第1版　2016年1月第1次印刷
定　价	36.80元